KB052682

나는 선량한
기후파괴자입니다

나는 선량한 기후파괴자입니다

기후위기를 외면하며 우리가 내뱉는 수많은 변명에 관하여

초판 1쇄 펴낸날   2024년 5월 30일
초판 3쇄 펴낸날   2024년 10월 31일

지은이 토마스 브루더만	**편집** 이정신 이지원 김혜윤 홍주은
옮긴이 추미란	**디자인** 김태호
펴낸이 이건복	**마케팅** 임세현
펴낸곳 도서출판 동녘	**관리** 서숙희 이주원

만든 사람들
편집 이지원   **디자인** 김태호

인쇄 새한문화사   **종이** 한서지업사

등록 제311-1980-01호 1980년 3월 25일
주소 (10881) 경기도 파주시 회동길 77-26
전화 영업 031-955-3000 편집 031-955-3005 **팩스** 031-955-3009
홈페이지 www.dongnyok.com **전자우편** editor@dongnyok.com
페이스북·인스타그램 @dongnyokpub

ISBN 978-89-7297-129-0 (03450)

• 잘못 만들어진 책은 구입처에서 바꿔 드립니다.
• 책값은 뒤표지에 쓰여 있습니다.

나는 선량한
기후파괴자입니다

기후위기를 외면하며
우리가 내뱉는
수많은 변명에 관하여

토마스 브루더만 지음
추미란 옮김

THERE IS NO PLANET "B"

zero
waste

동녘

차례

기후친화적인 생각, 기후파괴적인 행동

어느 잡목숲 옆길을 걷다가 기묘한 장면을 하나 목격했다. 지방의 어느 소도시 근교였는데 커브길 끝에서 거대한 SUV가 한 대 멈춰 섰다. 차체 뒤에는 "그레타 툰베리Greta Thunberg(스웨덴의 10대 환경 운동가-옮긴이)는 학교로 돌아가라!"라는 문구가 커다랗게 붙어 있다. 40대 중반으로 보이는, 자그마한 체구의 대머리 남자가 차에서 내리더니 폐건전지가 가득한 자루를 이끼 깔린 땅바닥에 쏟아낸다. 그리고 반 정도 찬 엔진 오일 용기도 비운다. 그다음 "환경 보호 좋아하시네!"라고 한마디 하더니 다시 차에 올라타고는 쌩하니 가버린다.

　내가 상상한 이야기니까 인간은 역시 믿을만한 동물이 못된다고 말하지는 말자. 사실 이 남자 같은 자칭 환경 보호 반대론자는 매우 드물다. 우리는 모두 기본적으로 신선한 공기, 천연의 숲, 깨끗한 강, 제대로 기능하는 생태계를 바라니까 말이다. 개인적으로 나는 기후가 파괴되기를 애타게 바라는 사람을 단 한 명도 알지 못한다. 기후변화와 그 영향이 지나치게 과장된 면이 있다고 말하는 사람은 있다. 하지만 환경이 망가져서 우리 존재 자체가 위협받으면 좋겠다고 생각하는 사람은 아마도 없을 것이다. 우리는 대체로 기후보호를 찬성하고 친환경적이다.

그런데 우리가 매일 내리는 수많은 결정들은 그다지 기후친화적이지 않다. 뭔가 앞뒤가 맞지 않는다. 물론 우리는 분리수거를 잘하고 숲에 건전지를 버리지는 않는다. 그리고 일반적으로 바다에 기름띠를 만들지도 않는다. 하지만 그렇다고 우리 일상이 저절로 기후친화적이 되는 것은 결코 아니다. 비행기와 자동차의 상용, 육식, 호주산 와인, 아르헨티나산 소고기 스테이크, 수입 열대 과일, 캡슐 커피 위주의 식생활, 반송 가능한 온라인 쇼핑 등등 우리가 매일 내리는 결정들이 생태 발자국 지수를 한정 없이 높인다. 잘 생각해보면 우리는 기후-환경친화적이라고 말은 하지만 소비에 관해 우리가 내리는 결정들이 결코 그렇지 않음을 대체로 인정할 수밖에 없다.

인간에게는 생각과 행동 사이의 모순을 무시하거나 정당화하거나 어깨 한 번 으쓱하고 마는 데 탁월한 능력이 있다. 우리는 자신이 정직하고 성실하다고 생각한다. 가끔 상황을 모면하기 위해 혹은 선의로 거짓말을 한다고 해서 그 생각이 바뀌지는 않는다. "늦어서 죄송해요. 차가 막혀서 그만……" "아뇨, 맛있는데요?" "오, 아기가 정말 귀엽네요……" 같은 거짓말 말이다. 자신을 정직한 사람으로 보는 동시에 가끔 거짓말을 한다고 인정하는 건 모순이다. 많은 사람이 정직한 동시에 부정직해 보인다. 나도 예외는 아니다. 그런데 심리학적 관점에서 이런 모순은 전혀 놀랄 일이 아니다. 작은 거짓말은 갈등을 줄여 사회생활에 도움을 준다. 특히 선의의 거짓말이라면 정직한 사람이라는 긍정적인 자아상에 거의 아무런 타격도 주지 않는다. 그리고 긍정적인 자아상은 정신 건강에 좋다. 자신을 수치심 없는 거짓말쟁이나 무자비한 사기꾼으로 보는 것보다는 좋은 사람이라고 볼 때 분명 마음이 더 편안하니까. 그러므로 정직함이라는 이상에서 조금 벗어나는 것 정도는 적당히 눈감아줄 수 있다. 크게 벗어난다고 해도 왜 그렇게 수고롭게 거짓말을 할 수밖에 없었는지, 거짓말을 했어도 원래 자신은 좋은 사람임을 잘 설명하고 넘어가고 싶다.

기후친화성에 관해서도 이런 역설들이 일어난다. 여기서도 오로지 좋은 입장과 좋은 의도만 남는 것은 아니다. 우리의 기후친화적인 입장과 의도가 안타깝게도 너무 가끔만 기후친화적인 결정으로 이어진다. 입장과 행동 사이에는 때로 엄청난

심연이 버티고 있어서 그것은 마치 선거 전에 약속했던 공약을 당선 후에는 모르쇠로 일관하는 정치인과 닮았다. 정치인들과 달리 적어도 우리는 왜 기후보호를 생각처럼 그렇게 잘할 수 없는지 적당히 설명할 수 있고 미안한 마음도 내비칠 줄 안다. 적어도 '합당 때문에 어쩔 수 없었다' 따위가 아닌 적절한 희생양을 찾아낼 줄 안다. 희생양 이야기가 나왔으니 말인데 잘난 척하는 정치인들은 언제나 시스템을 희생양으로 삼는다. 아니면 중국이나 미국 같은 초강대국을 탓하거나. 사실 우리도 그리 다르진 않다. 우리도 기후친화적인 사람이라는 긍정적인 자아상을 유지하기 위해 다른 사람을 탓하거나 다른 변명 거리를 찾아낸다.

이 책의 목적

우리는 종종 기후파괴적으로 행동한다.[1] 하지만 우리의 기후파괴적인[2] 행동 양식에는 그만한 이유, 좀 더 솔직하게 표현하자면 변명 혹은 핑계가 있다. 여기에는 심리적 메커니즘에 해당하는 것이 많고 또 다소 정당하다고 볼 수 있는 변명도 많다.

이 책에서 나는 기후친화적이지 못한 많은 변명을 분석할 것이다. 그렇게 기후 심리학을 소개하고 무엇보다 생각과 행동을 바꾸지 못하게 만드는 심리적 장벽들이 어디서 나오는지 살펴보고자 한다. 심리학과 행동경제학의 다양한 개념은 한편으로 기후친화적인 의사결정 행위를 설명해주겠지만 다른 한편으로는 기후파괴적인 의사결정들에 대한 변명이 되기도 할 것이다. 다양한 예시와 일화들을 담으려 했고, 각 장 끝에는 그 장을 요약하거나 그 배경을 설명하는 상자를 배치했다. 기후 불안증에 대한 장도 몇 개 있다. 하지만 기후위기가 정신 건강에 미치는 영향 혹은 기후변화로 인한 불안증을 다루는 심리학적 연구들에 대해서는 거의 다루지 않았다. 그보다는 당신, 당신의 가족과 친구들이 일상에서 내릴 법한 기후친화적인 의사결정들에 관해 말한다. 이 책은 환경을 둘러싼 다양한 시각을 보여주고 우리가 그다지 기후친화적이지 못한 생활 방식에도 불구하고 긍정적인 자아상을 유지하는 심리적 메커니즘을 설명한다.

기후를 둘러싸고 우리가 저지르는 작은 잘못에 대한 변명들을 보고 이제부터 어떻게 할지는 당신 자신에게 달려 있다. 자기기만 기술의 레퍼토리를 더 정교하게 다듬으며 변명의 기술을 완벽하게 단련하는 것도 충분히 가능하다. 이 책으로 어쩌면 당신은 모든 가능한 환경파괴적인 결정들에 완벽한 변명을 하나씩 갖게 될 수도 있다(그런 일에 내가 도움을 준 것이 기쁠 것 같진 않지만…). 이른바 '기후친화적'이라는 사람들에게 대놓고 그 모순을 꾸짖으며 잘난 척하는 것도 충분히 있을 법한 일이다. 하지만 부탁하건대 그러지 말기 바란다. 이 두 가지 선택지를 모두 포기하는 것이 더 현명할 테니. 이 변명들을 소개하려는 것은 기후 심리학의 다양한 측면을 소개하기 위한 하나의 수단일 뿐이다. 이 책에서 소개된 심리적 메커니즘들을 참고할 때 당신은 자신과 타인의 결정들을 더 잘 이해할 수 있을 것이다. 그것이 자기반성과 기후친화적인 결정으로 이어진다면 매우 기쁠 것이다.

당연히 나는 이 책에서 변명과 장벽만 나열하고 싶지는 않다. 행동경제학과 심리학은 기후친화적인 행동을 부르는 방법과 그런 행동을 위해 필요한 기본 전제와 조건에 대한 힌트도 제공한다. 현재 우리가 기후친화적인 행동을 하지 못하는 것은 지금의 구조와 체계 때문이기도 하다. 기후친화적인 결정을 내리기가 현실적으로 불가능한 사람도 많다. 예를 들어 어떤 사람들은 자가용을 포기하고 대중교통을 이용하거나 비싼 유기농 식재료만 구입하기가 현실적으로 불가능하다. 국민 혹은 소비자에게만 책임을 전가하는 것은 부당하다. 정치적 결정권자들, 이익 대변자들, 기업가들은 기후친화적인 삶을 위한 구조를 만들 책임이 있다. 그런 의미에서 이 책의 마지막에서는 기후친화적 선택이 좀 더 쉬워질 미래의 모습을 말하고 있다.

다시 돌아와서, 각 장 끝에 당신이 아직 모를 수도 있는 기후변화 문제를 짧게 요약했는데 의도적으로 자세한 내용은 신지 않았다. 자세한 내용을 원한다면 마르쿠스 바드작Marcus Wadsak의 《기후변화: 거짓과 픽션에 대한 팩트 체크Klimawandel-Fakten gegen Fake&Fiction》[3], 크리스티안 쉰비저Christian Schönwiese 의 《기후변화 꼼꼼히 따져보기Klimawandel kompakt》[4] 같은 책들을 소개해뒀으니 참고하기 바란다. 알찬 정보로 가득한 다비드 넬레스David Nelles와 크리스티안 저레르Christian Serrer의 《기후 해결Die Klimalösung》도 입문자용으로 적극 추천한다.[5] 한편 인터넷, 소셜 미디어, 때로는 책에는 기후와 관련한 거짓 정보들이 적지 않게 유포되어 있다. 의심스러운 진술들을 검증하는 데는 클리마팍텐(klimafakten.de)과 스켑티컬사이언스(skepticalscience.com) 사이트가 좋다. 현재까지의 기후 연구 결과들에 근거해 이해하기 쉽고 믿을만한 사실들을 제공하는 사이트들이다.

기후 연구에 따르면 현재 보이는 기후변화와 (대개 부정적인) 그 결과들에 대한 책임은 인간에게 있다. 기후변화에 대한 88,000개 과학적 연구에 대한 메타 분석은 기후위기가 인간에 의한 것이라는 데 99.5퍼센트의 과학자들이 동의한다.[6] 학자들 대부분이 이렇게 동의하는 주제는 현재 이것 외에는 없다. 이제 시간이 없고, 우리는 이미 빙산이 녹고 극단적 기후가 늘어나는 것과 같은 (여전히 상대적으로 가볍다고 할만한) 기후위기의 결과들을 경험하고 있다. 상황이 심각하지만 희망이 없는 것은 아니다. 하지만 현재의 기후파괴적인 생활 방식을 보면 우리는 어쩌면 "희망은 없지만 심각한 건 아니다"라고 말하고 싶은 건지도 모른다.

칼럼니스트 알프레드 폴가Alfred Polgar는 프로이센군에게는 "상황이 심각하지만 희망이 있다"라고 했고 오스트리아군에게는 "희망은 없지만 심각하시는 않다"라고 했다.[7] 하지만 나는 상황을 그렇게까지 보고 싶지는 않다. 나는 당신과 함께 기후 심리학의 세상으로 들어가보려 한다. 그리고 우리가 내세

카비파라는 우리가 아는 가장 다정한 동물 중 하나다. 이 만화는 안네힌 회벤Annechien Hoeben이 만년필로 그린 것인데 카피바라들이 기후위기에 대해 고심하고 있다. 그 모양새가 이 책에서 이야기해볼 주제들을 잘 표현해주는 것 같다. 아무리 심각한 주제라도 유머를 잃지 않는 데 이 카피바라들이 도움을 줄지도 모르겠다. 나한테 그랬듯 당신에게도 말이다.

우는 변명들을 약간의 진지함과 약간의 계산적 낙관주의*와 또 약간의 유머와 함께 깊이 파헤쳐보려 한다.

* 낙관적으로 볼 때 미래가 더 좋아질 것을 계산하고 낙관주의 자세를 고수하는 것.

기후변화가 왜 문제고
나와 무슨 상관인가?

이른바 온실효과 덕분에 지구 표면은 살기에 적당한 평균 섭씨 14도 이상을 유지한다. 이산화탄소, 메탄, 혹은 수증기 같은 온실가스가 대기를 따뜻한 에너지로 채우는 것인데 이것들이 없다면 지구는 약 영하 18도로 차가워진다.

대기 중 온실가스의 양은 지난 수천 년 동안 안정적이었다. 이산화탄소가 총 약 270피피엠^{**}으로 질소와 산소 같은 다른 기체들과 달리 단지 소량만 존재했다. 지구 생태계와 대양은 이산화탄소를 뿜어내는데 그만큼 흡수도 한다. 하지만 18세기 산업혁명 이후 인간은 석탄, 석유, 가스 같은 화석 연료들을 계속 더 많이 태워왔고 이산화탄소 및 메탄 형태로 축적된 탄소는 대기 중에 점점 더 많이 도달하게 되었다(온실가스는 비교 편의를 위해 이산화탄소 환산량으로 표기하기도 한다)[8](다양한 온실가스를 등가의 이산화탄소 양으로 환산해 비교하는 방식을 말하는데 이산화탄소 환산량 혹은 이산화탄소 등가라고 한다-옮긴이)

동시에 토지 이용 방식도 크게 변했다. 산업 농지는 천연 숲보다 훨씬 더 적은 탄소를 저장하고 흡수한다. 대기 중 이산화탄소 평균 수치는 2020년 415피피엠에 달했고, 이것은 산업혁명 이전과 비교했을 때 66퍼센트 올라간 수치다. 녹아내리는 빙하, 극

---

^{**}　ppm, 100만분의 1을 나타내는 단위.

단적인 기후, 해수면의 중단기적 상승 같은 현재 우리가 볼 수 있는 이상 기후가 그 결과다. 상승한 이산화탄소 수치는 다시 해수 온도를 높이며 바닷물을 산성화하고, 이것이 또 해양 생태계를 위협한다. 산호충이 죽는 것 같은 결과들이 이미 드러나고 있다. 장기적 결과는 감히 상상하기도 어렵다. 결코 긍정적이지 않고 어쩌면 파국으로 치달을 수도 있다.

물론 기후위기는 누구 한 사람의 책임이 아니고 우리 모두 기후 파괴적인 결정들을 내리면서 일조하고 있다. 자가용 자동차로 1킬로미터를 가는 데 100명 당 약 21킬로그램의 이산화탄소가 배출된다. 기차로는 그보다 훨씬 적은 양이 배출되고[9] 자전거는 이산화탄소를 전혀 배출하지 않는다. 가장 나쁜 것은 비행기인데 100킬로미터를 날아가는 데 100명 당 43킬로그램의 이산화탄소를 배출한다[10](여기에 항적운vapor trail에 의한 기후파괴도 추가된다). 전기 자동차는 전기 생산 방식에 따라 달라질 수 있지만 어쨌든 여전히 기차나 버스를 이용하는 것보다는 나쁘다. 이동 수단만이 아니라 에너지 생산, 물건의 제조 및 운송 그리고 우리의 식생활도 모두 기후파괴에 일조한다. 예를 들어 야채 1킬로그램을 생산하는 데는 평균 1.15킬로그램의 이산화탄소 환산량이 배출되지만[11] 소고기 1킬로그램을 생산하는 데 이산화탄소 환산량 12~24킬로그램이, 닭고기 1킬로그램을 생산하는 데에는 5킬로그램이 배출된다.

생태계 파괴의 문제도 있다. 현재 인간이 생산하는 물건들과 소비 습관이 생물다양성에 심각한 영향을 주고 있고(많은 종이 멸종되고 있다) 육지와 해양의 생태계 혹은 생화학적 주기를 교란하고 있다(무엇보다 비료로 질소와 인산을 쓰는 게 큰 문제다).

많은 분야에서 우리는 이미 안전한 활동 영역을 벗어났다.[12] 우리는 생명과 생존을 위한 기본 전제마저 위협하는 범위에서 움직이고 있다. 기후변화에 주시하는 이유는 이것이 이른바 지구위험 한계선Planetary boundaries과 직간접적으로 연결되어 있기 때문이다. 이 모든 문제의 근본 원인은 현 경제 및 사회 체계가 지속 불가능하다는 것이다. 우리는 지금 미래 세대를 대가로 지불하면서 살고 있는 셈이다.

기후보호가
나한테 뭐가 좋은데?

한번 사는 인생, 즐기며 살자!
20대 초반과 40대 중반 대다수의 생각

최근 몇 년 동안 소셜 미디어에서 욜로Yolo, You only live once(한번 사는 인생을 즐기자)와 포모Fomo, Fear of missing out(소외 공포)는 사람들이 애용하는 해시태그가 됐다. 인생을 만끽하고 싶은 바람을 반영하는 줄임말들이다. 욜로족과 포모족은 무언가를 결정할 때 그 결정이 즐거움을 준다면 결과에 대해서는 오래 생각하지 않는다. 욜로와 포모는 방종한 소비와 향락, 어리석음에 대한 변명으로도 아주 좋아 보인다. 우리는 인생이라는 푸짐한 뷔페를 즐기며 받을 수 있는 것은 다 받고 싶어 한다. 좋은 것이라면 다 해보고 싶어 한다. 기후변화에 대한 이야기를 들어보기는 했지만 그래서 아르헨티나산 소고기 스테이크를 먹지 말라고? 남아프리카산 와인도 마시지 말라고? 동남아

여행이나 마요르카 주말 여행도 포기하라고? 그럴 수는 없다. 구도자도 아닌데 마음껏 즐기며 사는 라이프스타일을 다음 생으로 미룰 수는 없다. 내일 당장 무슨 일이 일어날지도 모르지 않나? 우리는 유한한 시간을 최대한 이용하고 싶고 흥을 깨는 소리는 듣고 싶지 않고, 필요도 없다.

욜로는 무엇보다 어떻게 보면 자기만 아는 것처럼 보인다. 고대로부터 내려오는 또 다른 모토, 카르페 디엠Carpe diem(현재를 살라)과는 다르게 욜로는 하루를 의미 있게 이용하기보다 지금 여기서 자신의 기쁨을 최대화하라는 말처럼 들린다. 인스타그램에서 해시태그 '욜로'를 쳐보면 이국의 휴양지, 재미난 여가 활동, 진기한 요리를 보여주는 피드 수십만 개가 뜬다. '대중교통일년이용권구입', '남은야채스튜다시데워먹기' 혹은 '방금열대우림을위해기부함' 같은 것은 볼 수 없다. 즐거움의 추구가 인생에서 가장 중요하다면 정말이지 기후친화적인 라이프스타일이 대단히 유익할 것 같지는 않다.

"한번 사는 인생". 이 말 자체가 기후를 해치는 행위에 유용한 변명이 된다. 이쯤 되면 인간이 욜로족으로만 살지 않고 때로는 진지하고 분별 있는 측면도 드러낸다는 사실이 차라리 특별하게 느껴진다. 분별과 이성을 가질 때 확실히 우리는 기후보호에 좀 더 가까워진다. 그런데 사실 우리는 분별력 있고 성숙한 존재들이다. 자율적이고 반성 능력이 있으며 자각 능력이 뛰어나다. 이것은 18세기부터 확고해진 인간상이다. 경제학에서는 이것이 후에 '호모 에코노미쿠스Homo economicus(경제적 인간)'라는 하나의 전형으로 굳어졌다.[13] 호모 에코노미쿠스, 이 가상의 분별력 있는 인물의 유일한 관심사는 자신의 이익을 최대화하는 것이다. 이 인물은 사실 호모 욜로만큼 이기적이지만 호모 욜로와 달리 이성적이고 분별력이 있다. 어떤 문제든 아주 체계적으로 접근하고 의사결정을 할 때는 주어진 정보를 모두 참작한다. 이 인물은 좋아하는 것, 전문 용어로 '선호'하는 것이 언제나 분명하다. 바닐라 푸딩보다 초코 푸딩을 더 좋아한다면 이 사람은 언제나 초코 푸딩을 살 것이다. 하지만 이 사람은 이른바 '보상'에도 반응한다. 바닐라 푸딩의 가격이 초코 푸딩의 절반이라면 초코 푸딩 애호가의 이성에도 그것은 좋은 것이므로 바닐라 푸딩을 먹어본다. 하지만 이런 금전적인 보상이 사라지면 금방 다시 초코 푸딩으로 돌아간다. 호모 욜로는 늘 초코 푸딩만 먹지 않고 모든 종류의 이국적인 맛을 시도할 테니 호모 욜로와 달리 호모 에코노미쿠스는 상당히 재미없는 동시대인이다. 기후보호와 금전적인 보상을 연결하는 아이디어 또한 호모 에코노미쿠스의 사고 구조에 더 잘 부응한다. 기후친화적인 사람에게 더 많은 돈을 준다는 말이니까. 이때 기후보호가 직접적인 이익으로 이어지고 "기후보호가 나에게 뭘 해주는데"라는 변명도 통하지 않게

된다. 이런 제도는 실제로 어느 정도 효과를 볼 수 있지만 위험 요소와 부작용들이 숨어 있다(이것에 대해서는 〈변명 10〉을 참고하거나 신뢰할만한 행동경제학자들이 하는 말을 찾아보기 바란다).

사실 우리 주변에 호모 에코노미쿠스가 경제학 책 속에서 보이는 것만큼 많다고 정말로 믿는 사람은 없을 것이다. 우리 대부분은 초코 푸딩을 사랑한다고 해도 그냥 어쩌다 혹은 기분에 따라 다른 종류도 시도해본다. 하지만 이 가상 인물은 경제 모델로써 그리고 경제적 계산을 하는 데 매우 실용적이기 때문에 오늘날까지 굳건히 살아남았다. 경제를 분석할 때 인간이 항상 합리적으로 행동할 것을 전제하는 경우가 많다. 참고로 정치 사회적 결정권자들이 주로 이런 분석을 바탕으로 중요한 결정들을 내린다. 바로 그래서 정치인과 경제학자들이 모두 함께 그 실패를 이해할 수 없다고 입을 모으는, 의심쩍은 정치적 결정들이 내려지는 것이다. 어쩌면 당신은 이쯤에서 왜 여기서 이렇게 합리성과 경제 모델을 말하고 있는지 의아해할지도 모르겠다. 이것들이 기후 심리학과 무슨 상관이란 말인가? 하지만 조금만 인내심을 가지기를 바란다. 심리 메커니즘은 비합리적인 경우가 많지만 합리성을 바탕으로 할 때 이해하기가 훨씬 쉽다. 나를 믿어주기 바란다.

합리적인 결정은 대체로 다음 단계들을 따른다. 그 결정의 목적과 개인적인 선호가 무엇인지 확인한다. 정보를 모으고 다양한 선택지를 평가하기 위한 기준을 세운다. 그 기준에 따라 선택지들을 서로 비교하며 오랜 시간 고심한 끝에 혹은 장단점들을 생각하느라 수많은 밤을 지새운 후에 마침내 결정을 내린다. 참고로 '그 결정 금방 후회하기'는 엄격히 말해 합리적인 결정 과정의 일부는 아니다. 하지만 가능한 모든 정보와 수많은 가능성을 참조하는 엄격한 합리적 결정 과정을 따를 때 마지막에 내린 결정에서 드는 만족감이 오히려 떨어질 수 있다고 경고하는 사람이 많다.[14]

이런 경제적 합리성이 기후친화적인 결정에 도움이 될까?

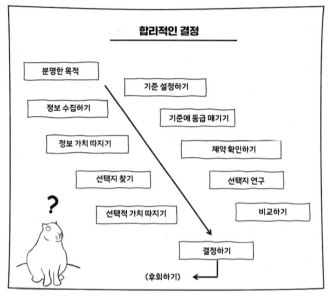

합리적인 결정

분명한 목적

기준 설정하기

정보 수집하기

기준에 등급 매기기

정보 가치 따지기

제약 확인하기

선택지 찾기

선택지 연구

?

선택적 가치 따지기

비교하기

결정하기

(후회하기)

합리적인 결정 과정의 단계들.

안타깝게도 부분적으로만 그렇고, 또 우리의 선호에 따라 도움이 될 수도 있고 되지 않을 수도 있다. 물론 애초에 기후친화에 대한 선호가 아주 강한 사람이라면 효율 극대화를 고려해 실제로 합리적이고 기후친화적인 결정에 이를 수 있다. 하지만 기후를 생각하는 마음 외에도 다른 기준들이 중요하다면 (혹은 더 중요하다면) 상황은 아주 달라진다. 왜냐하면 이때 합리적인 선택이 금방 기후파괴적인 선택에 대한 변명으로 이어지기 때문이다. 전통적인 방식의 합리적인 선택을 한다면 모든 기준이 경제적으로 평가되고, 결정권자는 자신의 경제적 효율을 최대화한다. 이때 모든 합리적인 평가의 결과가 기후 파괴적이 될 수 있다. 예를 들어 자가용 자동차에 대한 분명한 선호가 있는 사람에게는 자동차 운전이 합리적이다. 대중교통을 자동차보다 선호한다고 해도 기름값이 버스표 값보다 싸다면 마트에 갈 때도 자동차 이용이 더 합리적일 수 있다. 물론 차가 없어서 차를 빌려야 한다면 버스를 타는 게 더 합리적이다(물건을 집으로 싣고 오는 문제 같은 다른 기준들을 무시한다면 말이다).

합리성이 부르는 기후파괴적인 결정은 여기서 그치지 않는다. 아름다운 곳으로 떠나는 비행기 여행은 여행자에게 효율을 극대화하는 여행 방식이다. 게다가 그 아름다운 곳에 도착하자마자 소셜 네트워크에 해시태그 '욜로'와 함께 셀카 사진도 올릴 수 있다(이것 역시 많은 사람에게 아주 중요한 문제다). 육식을 즐긴다면 스테이크를 먹어치우는 것도 효율성을 극대화한다. 동물 복지와 지구 온난화 같은 문제들이 그다지 중요하지 않다면 말이다.

기후파괴적인 선호는 종종 편리하게도 경제적 효율의 극대화를 의미한다. 사실 파리행 비행기 표가 기차표보다 저렴하고 마트에서 파는 고기 1킬로그램이 야채 1킬로그램보다 더 저렴할 수 있다.[15] 이런 상태라면 기후보호는 개인에게 사실상 아무 이득이 없다. 이런 생각은 자동차를 가지고 있고, 장

거리 비행을 주로 하며, 스테이크를 즐기는 합리적인 성격의 사람이 그런 자신의 행동이 기후변화에 어떤 나쁜 영향을 주는지 완벽하게 알고 있다고 해도 바뀌지 않는다. 채식 위주의 식생활이 육식 위주의 식생활과 비교할 때 영양 섭취로 인한 이산화탄소 배출을 거의 절반까지 줄일 수 있고 완전 채식 생활은 절반 이하로까지 줄일 수 있음을 잘 알고 있다고 해도 말이다.[16] 이 사람은 식습관과 이동 수단으로 인한 자신의 개인적인 행동이 배출하는 이산화탄소(연간 약 10~20톤)[17] 정도로는 지구에 거의 아무런 영향을 끼치지 않음도 확신할 것이다. 그렇게 시간이 지나면 문제가 되는 것은 개인으로서의 자신이 아니라 다른 수많은 사람이 된다. 하지만 안타깝게도 그 다른 수많은 사람도 똑같이 이 사람처럼 생각하고 행동한다.

우리는 이런 기후파괴적인 활동을 계속하면서 정말로 그것이 합리적이라고 정당화한다. '기후보호는 개인에 한해서는 아무 소용이 없다. 나 혼자서는 기후변화를 되돌릴 수 없다. 금전적으로 채산이 맞지 않고 재미도 없다……' 이보다 더 좋은 변명이 있나? 이쯤 되면 호모 에코노미쿠스와 호모 욜로는 그야말로 서로 악수하고 기후파괴 협약을 체결해도 될 듯하다. 기쁨을 좇는 것만이 아니라 경제적으로 합리적으로 행동하는 것도 기후파괴적인 결정들을 부를 수 있으니까 말이다. 책의 첫 장부터 좋은 소식이 아니라서 미안하다.

다행히 좋은 소식도 하나 말할 수 있을 것 같다. 우리 인간이 경제학 교재에서처럼 그렇게 합리적으로 행동하는 것은 사실 예외적이다. 또 호모 욜로처럼 즐거움에 중독되어 이기적으로 행동하는 것도 예외적인 경우다. 평상시 우리는 결정을 내릴 때 합리적인 관점이 아니라 주먹구구식, 왜곡된 인식, 습관, 사회적 영향, 기본적인 외부 환경, 세계관, 문화적 특징에 더 많은 영향을 받는다. 미국 정치학자 허버트 사이먼Herbert Simon이 말했듯 우리는 어느 정도까지만 합리적이다.[18] 혹은 심리학과 행동경제학 교수 댄 애리얼리Dan Ariely가 분명히 밝혔듯이 예측대로 비합리적이다.[19]

우리가 대체로 비합리적으로 행동하고 동시에 기후를 파괴하면서까지 자신의 이익과 즐거움을 추구하지 않는다면 바로 여기에 희망이 있다. 그렇지 않나?

합리적 선택

사회학과 경제학에서 합리적 선택이란 개인 효율의 최대화를 지향하는 개인적 의사결정 행위를 의미한다. 합리적으로 행동하는 사람은 선택지 목록에서 자신에게 가장 큰 이득(가장 큰 주관적 기대효용Subjective expected utility)인 쪽을 선택하는 것으로 자신의 이익을 최대화한다. 이때 자신의 선호와 정보를 기반으로 삼고, 선택의 가장 큰 결정 요인은 경제적 보상이다.

신고전주의 경제학에서는 개인적·주관적 효율의 극대화를 원칙으로 행동하는 가상 인물을 호모 에코노미쿠스라고 한다. 여기서 효율은 보통 경제적인 효율을 의미한다. 이 인물은 정보 습득 및 계산 능력에 있어서 한계를 보이지 않는다. 비록 비현실적 가정이지만 지배적인 신고전주의 진영에서는 예전이나 지금이나 하나의 기본적인 경제 모델로 통하는데, 특히 행동경제학과 실험경제학을 다루는 진영으로부터 강하게 비판받는 모델이다. 인간이 호모 에코노미쿠스처럼 효율의 극대화만 따지는 경우는 사실 예외적이기 때문이다.

이 장에서 말하는 호모 욜로는 자신의 즐거움을 극대화하는 것이 가장 중요하고 남들이 하는 것은 다 하고자 하는 향락주의 인간형을 뜻한다. 참고로 욜로족이 아니라 호모 욜로라는 말은 이 책에서 내가 처음 쓰는 말이다.[20]

모든 걸 다
고려할 수는 없어

인간은 합리적으로 통찰하지만,
그 통찰대로 행동하지 않는다는 점에서 비합리적이다.

프리드리히 뒤렌마트Freidrich Dürrenmatt[21], 극작가

안타깝지만 여기서 바로 또 희망을 조금 꺾어야 할 것 같다.
합리적인 행동도 그렇고, 합리적으로 행동하지 못하는 우리의
무능함 또한 환경을 위해서는 차선이라고밖에 할 수 없는 결
정들을 부른다.

간단한 예로 합리적인 결정이 왜 어려우며 무엇이 문제인
지 한번 보자. 나는 이번 연휴에 다른 도시로 가볍게 여행을
떠나려 한다. 비행기 여행은 기후에 나쁘니 비행기를 타야 하
는 이스탄불 대신 가까운 빈에 가보기로 한다. 오스트리아의
수도만큼 기분 전환에 좋은 곳도 없고 이스탄불이 정 그리우
면 빈의 야외 시장에서 튀르키예 음식을 조금 맛볼 수도 있
다. 이스탄불의 대형 바자르만큼 즐겁지는 않겠지만 빈 사람

들 특유의 장삿속 가득한 친절도 그럭저럭 괜찮다. 바람이 선선히 부는 것이 다행히 날씨도 쾌적한 편이다. 유서 깊은 건물들과 역사가 느껴지는 곳 사이에서 맛있는 자허토르테도 즐겨 보자. 호텔 가격도 그다지 비싸지 않고 선택권이 많다. 유명한 예약 웹사이트에 들어가보니 숙소가 900개나 된다. 그리고 바로 여기서부터 어려움에 봉착한다. 이 엄청난 가능성 속에서 나의 주말 빈 여행을 완벽하게 만들어줄 최적의 숙소 하나를 대체 어떻게 찾아낸단 말인가? 일단 빈 중심가에서 가까웠으면 하고, 채식 위주의 맛있는 조식 뷔페를 즐길 수 있으면 좋겠고, 마차나 빈에서 즐길 수 있는 다른 운송 수단이 있는 데까지 도보로 갈 수 있으면 한다. 또 당연히 가격도 저렴하면 좋겠다. 그런데 이 모든 기준을 만족시키기가 과연 쉽지 않아 보인다. 내가 정말 합리적인 사람이라면 사실 숙소를 찾느라 그렇게 정신노동을 하느니 빈 여행을 아예 포기하는 게 더 맞을지도 모른다.

이런 상황에서 우리 대부분은 최적의 숙소를 찾기 위해 오래 검색하는 대신 정신적 지름길을 선택한다. 어떻게 모든 걸 다 고려하냐며 제한된 합리성Bounded Rationality의 원칙을 따른다. 결정을 내릴 때 우리는 물론 기본적으로는 목적 지향적이지만 이런저런 인식 능력의 한계 때문에 어느 정도만 합리적으로 생각하고 행동한다. 정보를 알아차리고 소화하는 능력에 한계가 있어서 좋은 결정을 내리고자 하는 과정에서도 어느 정도의 손실을 감수하는 것이다. 최적화 알고리즘과 달리 우리 인간은 어떤 결정을 내릴 때 다수의 기준과 효율성을 엄격하게 따지지 못한다. 그보다는 몇 개의 중요한 기준에만 그런대로 부합하는 대안에 만족해버린다. 원하는 하나의 기준이 어느 정도 충족된다 싶으면 더 나은 대안을 찾느라 들이는 추가 노력이 더 이상 채산에 맞지 않는다고 생각하기 때문이다. 그래서 가장 최적의 숙소를 찾느라 몇 시간, 며칠을 보내는 대신 그냥 몇 가지 기준에만 어느 정도 부합하는 곳을 선택한다. 이것이 더 편하고 시간과 노력도 아끼는 길이다.

어느 정도 손실을 감수하더라도 선택을 하는 데 시간과 노력을 아끼는 것은 효율적이고 어떤 면에서는 '어느 정도 합리적(제한된 합리성)'이라고도 할 수 있다. 전문적으로 이런 결정 전략을 '만족화Satisficing'라고도 하는데 영어의 '만족시키다Satisfying'와 '충분하다Suffice'를 합성한 용어다.

참고로 이런 자족 전략을 인생의 동반자를 찾는 데 의식적으로 이용하는 사람도 많은 것 같다. 예전에 내가 데이트했던 한 여성은 자신은 배우자를 찾을 때면 할머니의 충고를 따른다고 했다. 요약하자면 원숭이보다 예쁜 사람은 다 호사라는 것이었다.

우리는 어느 정도만 합리적이라 이때 정말로 기후친화적인

선택지를 놓칠 수 있고, 그렇다면 당연히 그다지 기후친화적이지 않은 결정들을 내리게 된다. 두 번째 혹은 세 번째로 찾은 어느 정도 괜찮은 호텔로 만족할 테니 지속 가능성 인증을 받은, 완벽하게 기후친화적인 숙소는 결코 가보지 못할 것이다. 목적지로 가는 방법은 또 얼마나 다양한가? 기차로 갈 것인가 장거리 버스 혹은 자가용 자동차로 갈 것인가 등등(비행기는 당연히 삼가고 싶다) 이 모든 방법은 각각 장단점이 있고 비용, 드는 시간, 편안함 정도도 다 다르며 기후에 미치는 영향도 다 다르다.

여기서도 완전히 합리적인 결정은 거의 불가능한 것 같다. 모든 기준을 놓고 자세히 분석하는 정신적 노력을 하고 싶지 않은 나는 그냥 자동차 운전을 하기로 결정할지도 모른다. 어차피 또 비싸게 수리한 내 24년 된 자동차를 이렇게라도 쓰지 않으면 차고에 무용지물처럼 주차되어 있기밖에 더 하겠는가? 자동차로 가면 짐을 갖고 가기도 편하고 기차나 버스보다는 시간도 절약하고 동선도 내 마음대로 짤 수 있다. 그리고 길을 잃으면 내비게이션에 물어볼 수도 있다. 내비게이션도 내 정신적 노력을 덜어주니 제한된 합리성을 보상하는 좋은 기계가 아닐 수 없다.

하지만 이런 결정이 가장 좋은 결정은 아니었음이 나중에 밝혀지기도 한다. 나는 오스트리아에 자동차를 몰고 오는 여행객들이 얼어붙은 썰맷길에 잘못 들어가 오도 가도 못했다는 기사를 종종 읽는다. 구글맵이 썰맷길을 일반 차도로 안내하기 때문인데 그럼에도 나는 그런 글을 읽을 때마다 어떻게 그럴 수가 있나 생각한다. 하지만 나도 전형적인 고백을 하나 해야겠다. 맞다. 신문에서 자동차가 얼어붙은 썰맷길에 들어갔다는 기사를 볼 때마다 나는 어이없다는 듯 웃었나. 얼마나 멍청하면 그럴까라고 생각했다. 지난 여름 그리스에서 구글맵이 나를 올리브나무 숲으로 데리고 가기 전까지는 말이다. 힘들기는 했지만 그나마 행운이 따라줘서 렌터카를 빼낼 수는 있었다. 안 그랬으면 그 지역 농부들에게 도움을 요청하며 무안함을 견뎌야 했을 것이다. 이쯤 되면 이것이 제한된 합리성의 문제인지 디지털 치매의 문제인지 모르겠다. 어쨌든 교만은 오래가지 못한다.

슈투트가르트나 쾰른에서 빈까지 자동차로 간다면 이것은 최소한 암스테르담을 경유하는 저가 항공보다는 기후에 낫다. 하지만 자동차 여행도 기후친화적이지 않다. 내가 만약에 내 제한된 합리성을 극복하고 여행을 꼼꼼하게 준비한다면 나는 기후친화적인 기차가 자동차 운전과 거의 비슷한 시간이 걸린다는 것을 알아낼 것이다. 그리고 내 오래된 자동차 안에서 계속 운전대를 잡는 대신 편안하게 침대칸이나 식당차를 즐길 수 있음도 알게 될 것이다. 내가 초여름의 꽉 막힌 고속도로에서 엉금엉금 기어간다면, 그러면서도 기후를 생각해 에어컨은 틀지 않는다면, 거기다 100킬로미터도 채 못 가서 이미 인부들도 다 떠나고 없는 고속도로 보수 현장을 통과하느라 열불이 난다면 그건 모두 결국 내 부족한 합리성 탓이리라.

제한된 합리성

허버트 사이먼은 조직론을 비롯한 많은 분야에 중요한 발견들로 공헌한 20세기 가장 영향력 있는 석학 중 한 명이다. 그리고 1978년 경제 조직 내 의사결정 과정에 대한 혁신적인 연구로 노벨 경제학상을 받았다. 허버트 사이먼의 제한된 합리성 개념은 그 시대 경제학에서 우세했던, 오로지 합리적인 행동만 하는 가상 인물에 대해 그가 내놓은 답이었다. 제한된 합리성은 우리가 어떻게 기본적으로는 목적 지향적으로 행동하지만 인식의 한계 탓에 차선의 결정들을 내릴 수밖에 없는지 잘 보여준다.

결정을 내릴 때 우리는 '이만하면 괜찮은' 선택에 만족한다. 그보다 더 나은 결정을 위해 들이는 추가 노력이 채산에 맞지 않기 때문이다. 우리는 최고의 해결책이 아니라 그만하면 충분하고 만족스러운 해결책을 찾는다(혹은 만족한 것이다).

인간은 원래 모순적이다

모순이 사고와 존재를 규정한다.

아리스토텔레스, 철학자

2021년 10월 슬로베니아 코페르시의 프리모르스카대학의 학생들이 기후 심리학과 불합리한 행동을 주제로 강연을 요청해와 기쁜 마음으로 수락했다. 기후친화적인 사람이자 교통체증이나 국경에서 기다리는 시간에 질색하는 사람으로서 나는 당연히 대중교통을 이용하고 싶었다. 하지만 고작 300킬로미터 떨어진 코페르까지 대중교통으로는 꼬박 하루가 걸렸으므로 어쩔 수 없이 낡고 기후친화적이라고 볼 수는 없는 내 자동차를 운전해 가기로 했다. 휴가철도 끝난 10월이라 교통량이 적었고 기온도 적당해 에어컨 없이 운전하기에는 좋았다. 국경에 다다르기 직전 휴게소에 들러 슬로베니아 고속도로 이용권 스티커도 구입했다. 그리고 그 휴게소에서 나는 화장

실도 이용했다. 50센트를 내야 했는데, 대신 휴게소에서 50센트만큼 물건을 살 수 있는 쿠폰을 받았다. 나는 고속도로 이용 요금에서 50센트만큼 빼고 지불하고 싶었지만 쿠폰은 실망스럽게도 휴게소 물건을 구입할 때만 쓸 수 있었다. 내 머릿속은 곧 있을 강연 생각으로 가득했다. 강연 시간에 맞추려면 시간도 빠듯했다. 그리고 내 손 안의 그 쿠폰도 빨리 사라지고 싶어 하는 듯했다. 나는 한 70~90센트 정도 되어 보이는 미니 뮤즐리바를 하나 집어 들고 계산대로 가서 쿠폰과 함께 계산했다. 50센트 쿠폰에 더해 아주 작은 뮤즐리바로서는 터무니없이 비싼 가격, 3유로 40센트를 지불했음을 깨달았을 때 나는 이미 차에 앉아 그 뮤즐리바를 씹고 있었다. 애초에 필요하지도 않았고 먹고 싶지도 않았던 뮤즐리바 말이다.

방금 대체 무슨 일이 일어난 걸까? 원칙적으로 나는 인지 편향의 희생자가 된 것이었다. 우리 인간은 아주 많은 인지 편향을 갖고 있다. 순식간에 나쁜 결정을 내리는 것도 바로 이 인지 편향 탓이다. 구체적으로 말해 나는 그 휴게소에서 이른바 매몰 비용 오류[22]라는 인지 편향에 빠졌다. 매몰 비용 오류란 전문 용어로 매몰 비용, 즉 완전히 잃어버려서 되찾는 것이 불가능해진 비용이 발생했을 때 그것을 받아들이고 훌훌 털어버리지 못하는 오류를 뜻한다. 이런 오류가 기후 문제에서도 발생한다. 예를 들어 이미 너무 많은 돈은 투자했다는 이유만으로 비싼 화력발전소에 집착하며 계속 유지비를 쏟아 부을 때가 그렇다. 나에게도 그 비슷한 일이 작게나마 화장실 이용료라는 매몰 비용을 둘러싸고 일어났던 것이다. 이미 지불한 돈을 낭비한 돈으로 치부하고 잊어버리려니 어쩐지 손해 보는 것 같았다. 잊어버리기는커녕 가소롭기 그지없는 그 50센트짜리 쿠폰을 터무니없이 비싼 뮤즐리바를 아주 조금 싸게 사는 데 써야 한다는 통제하기 어려운 압박을 느꼈다. 나의 이 에피소드가 인간의 이성을 크게 빛낸 일로 역사에 길이 남지는 못할 것이다.

우리의 행동이 가끔 매우 비합리적이고 모순적인데도 우리는 그것을 좀처럼 인정하려 들지 않는다. 오히려 우리는 이른바 모순적인 인식에 뒤따르는 불편한 느낌[23]인 인지 부조화를 없애기 위한 놀랍도록 많은 레퍼토리를 가지고 있다.

흡연에 대한 변명이 그 전형적인 예다. 흡연이 나쁘다는 걸 알지만 그럼에도 담배를 피운다. 하지만 앎과 행동 사이의 이런 부조화를 해결하기에 좋은 실질적인 전략들이 있다. 먼저 생각을 바꾼다(흡연이 그렇게 나쁜 것만은 아니야). 물론 행동을 바꿀 수도 있다(금연한다). 아니면 다른 인지를 덧붙일 수도 있다(우리 할머니도 담배를 피우셨지만 장수하셨어. 나는 운동도 하고 예전에 비하면 많이 피우는 것도 아니야 등등). 이렇게 할 때 전체 그림이 다시 조화로워지고 최소한 당사자에게는 내면의 모순이

해소된다.

기후보호에 관심이 많은 우리는 거듭 인지 부조화를 경험할 수밖에 없는데 그 대처 방식이 나름 창의적이다. 몇 가지 예를 살펴보자.

- 마트에서 아르헨티나산 냉동 스테이크를 집어 들면서 생각한다. 이 소는 어차피 이미 도살됐고 어차피 팔려고 내놓은 거잖아. 내가 사지 않아도 다른 누군가가 사겠지.
- 운동하러 가는 길, 날씨도 좋으니 자전거를 타고 갈 수도 있지만 굳이 자동차를 몰고 가며 생각한다. 자동차도 가끔 달려줘야지, 안 그러면 고장 나.
- 국산 배가 옆에 있는데도 수입산 바나나나 망고를 집어 들면서 생각한다. 비타민도 좀 먹어줘야 해. 게다가 남반구 경제도 도와야지.
- 참고로 미니 뮤즐리바를 터무니없이 비싸게 구입한 후 느끼는 인지 부조화도 쉽게 해결할 수 있다. 나는 평소 은근히 자신을 똑똑하다고 생각해온 사람이라 그런 뻔뻔한 바가지에 걸려든 것이 어이가 없었지만 그렇다고 내면의 갈등에 휩싸이지는 않았다. 그 뮤즐리바가 내가 지금까지 먹어온 뮤즐리바 중에 최고로 맛있었으므로 바가지든 뭐든 돈이 전혀 아깝지 않았기 때문이다(하지만 나는 그 뮤즐리바를 다시 구입할 생각은 없다. 당신도

여기서 나의 오류를 알아챘는가?).

이런 해명(혹은 변명)을 덧붙이므로 우리 내면의 논리는 일
관성을 되찾는다. 내면의 모순을 해체하는 인식을 추가할 때
기존의 기후친화적인 가치관을 수정하지 않아도 된다. 덜 기
후친화적인 행동을 기후친화적인 행동으로 바꿀 필요도 없다.
이런 일에 우리는 아주 능하다. 다양한 인식을 조종·조합하는
것으로 불편한 느낌을 피하거나 최소한 줄이는 것 말이다. 다
양한 인식을 조종하는 것에 대해서는 이 책 〈변명 9〉("나는 대
체로 환경친화적으로 산다")에서 좀 더 살펴볼 것이다.

인지 부조화 및 기후친화성과 관련해서 이른바 육식의 역
설Meat Paradox을 언급하지 않을 수 없다. 기본적으로 우리는 동
물을 좋아한다. 소는 위엄이 있고 새끼 돼지는 귀여우며 양은
사랑스럽다. 사디스트나 사이코패스가 아닌 이상 우리는 느낄
줄 알고 생각할 줄 아는 생명체를 죽이고 싶지 않고 고통도
주고 싶지 않다.[24] 길가에서 상처 입은 야생 동물을 보면 마음
아파하고 심지어 가던 길을 멈추고 동물 구조대에 신고도 한
다. 우리는 결코 동물에게 나쁜 짓을 하고 싶지 않다. 그런데
육식은 향유의 문제와 엮여 있다. 많은 사람이 스테이크나 슈
니첼을 좋아한다. 육류가 어떻게 생산되는지도 대개 잘 알고
있다. 하지만 비좁은 공간에서 돼지나 닭이 햇빛도 못 받으며

제 수명을 다하지 못하고 일찍 죽어야 한다는 사실을 그저 외면한다. 돼지나 닭이 도축에 적합한 무게에 도달하기만 하면, 때로는 스트레스 가득한 대량 운송 끝에 그 즉시 도살을 당한다는 사실에는 고개를 돌린다. 그리고 동물성 식품 생산이 환경과 생태계와 기후에 적잖은 영향을 미친다는 사실을 모른 척한다. 게다가 매일 하는 육식이 건강에 좋을 리 없다는 사실도 무시한다. 이렇게 무시하고 외면하지 않으면 그 즉시 우리의 기후–동물 친화적인 기본 입장과 기후–환경에 해롭고 동물도 괴롭히는 소비 습관 사이에서 인지 부조화가 발생하기 때문이다.[25]

육식의 역설을 극복하는 데에도 세 가지 선택권이 있다.

선택 1 동물성 식품을 덜 먹거나 아예 먹지 않는다(행동 바꾸기). 이것은 어려워하는 사람이 많다. 행동을 바꾸는 것은 인지 부조화 해결의 길에서 우리가 갈 수 있는 가장 어려운 길이다.

선택 2 동물 친화적이고 적절한 사육 방식을 채택한 식품들을 꼼꼼히 따져서 선택한다. 그나마 좀 쉬운 길처럼 보이지만 품질 인장과 생산자의 약속을 무조건 신뢰해야 하는데 이게 가능한가 하는 문제가 있다.

선택 3 가장 많은 사람이 선택하는 것으로, 불편한 질문들을 처음부터 하지 않고 그 모든 윤리·도덕적 질문들을 외면한다. 반려동물과 달리 식용 동물은 감정도 성격도 영혼도 없는 존재라고 생각하는 것도 이런 태도에 속한다.[26] 이렇게 소비 습관의 불편한 결과를 외면하는 것은 효과적인 자기 보호 전략이고 힘들게 행동을 바꾸지 않기 위한 방어기제다.

우리는 거짓말을 하고도 자신이 정직하다고 생각한다. 멍청한 짓을 하고도 자신이 평균적으로 똑똑한 쪽이라고 생각한다. 동물을 사랑하지만 동물 복지에는 그다지 관심이 없다. 그런데 이런 내면의 모순은 심리학적으로 볼 때 완전히 정상이다. 기후친화적이라고 생각하면서 기후파괴적으로 행동할 수 있고[27] 그러면서도 양심의 가책도 그다지 느끼지 않을 수 있다. 우리 내면에 존재하는 모순과 인지 편향과 불합리한 결정의 긴 목록에 하나를 더 추가하면서 말이다. 내면의 모순은 인간성 안에 포함된다. "인간은 과오를 범하고 신은 용서한다"라는 말도 있지 않은가? 그러므로 자신에게 너무 엄격하지 않은 편이 좋겠다. 인간은 실수에서 배우는 존재이니 어쨌든 미래에는 더 나은 존재가 되어 있을 것이다.

인지 편향

뇌는 우리 몸의 다른 장기들보다 월등히 더 많은 에너지를 필요로 한다. 그래서 뇌는 자원을 아끼고 효율적으로 관리한다. 우리 뇌가 감각 기관들이 보내는 신호들을 대부분 그 즉시 걸러내 더 높은 뇌 영역에 도달하지 못하게 하는 것도 그래서다. 그렇게 하지 않으면 사소한 신호들로 뇌가 심각한 과부하에 걸릴 테고 그럼 그 어떤 결정도 내릴 수 없게 된다. 그래서 숲을 산책할 때 우리는 몇 개의 나무를 지나쳐왔는지 열네 번째 나무의 껍질 왼쪽이 정확하게 어땠는지 알지 못한다. 원칙적으로 눈이 그 정보들을 다 받아들였음에도 말이다. 우리는 선택적으로 의식하고 상대적으로 중요한 것들에 집중한다. 반면 인지 편향을 일으킬 때 우리 뇌는 비합리적이다. 특히 불확실성, 개연성 혹은 복잡한 사정 등이 관여할 때 그렇다(〈변명 13〉과 〈변명 20〉 참조).

행동경제학은 이런 인지 편향 200개를 정리했다.[28] 그것들을 겸손하게 요약하면 다음과 같다. 우린 인간은 자신이 믿는 것만큼 그렇게 똑똑하지 않다. 그런데 이렇게 말해도 우리의 긍정적인 자아상은 전혀 손상되지 않는다. 인지 부조화 정도는 다양한 전략을 동원해 큰 어려움 없이 해소할 수 있으니까 말이다.

4

내일, 다음 달, 내년부터
혹은 언젠가는

왜냐면 내일, 그래 내일 새 인생을 시작할 거니까!
내일이 아니면 모레, 모레도 아니면 적어도 언젠가는 시작할 거니까!

EAVErst Allgemeine Verunsicherung, **팝 밴드**

인정한다. 학술적인 주장을 하는 책의 새 장를 열면서 꽤 거친 음악을 하는 팝 밴드의 노래 가사를 인용하는 사람은 아마도 없을 것이다(나도 앞으로는 이러지 않겠다). 하지만 생각지도 못한 곳에서 교훈을 얻는 경우도 많고 이 노랫말이 기후파괴적인 행동에 대해 우리가 애호하는 변명을 딱 꼬집어 말하고 있으니 어쩔 수 없다. "올해 한 번만 더 아프리카, 아시아, 호주로 날아가서 세상을 보고, 내년부터 새 직장에 출근하면서 휴가 때는 근처 독일 바이에른 지역에서 자전거나 타며 보내고 지역 특산물을 훨씬 더 많이 먹을 거야" 같은 변명 말이다.

좋은 일을 미래로 미루는 것은 행동경제학에서 말하는 시점 할인Temporal Discounting 현상과 관계가 있다. 시점 할인은 기본적으로 우리가 현재에 일어날 비용을 미래에 일어날 비용보다 더 부담스러워 한다는 뜻이다. 우리는 좋아하는 일은 오래 기다리기보다 바로 지금 즐기기를 좋아한다. 시점 간 결정을 내려야 할 때 우리는 간단히 말해 선호하는 것부터 한다. 좋은 것은 바로 지금, 불편한 것은 나중에 하고 싶어 한다. 나중에야 어떻게 되든 당장 즐기고 본다. 이번 주에는 냉동 감자튀김과 돼지고기 커틀릿 즉석식품을 먹고 밤에는 알맹이 없는 넷플릭스 시리즈를 보겠지만 다음 주부터는 신선한 야채를 사다가 볶아 먹고 예전처럼 영화관에서 소피아 코폴라 혹은 코언 형제의 영화를 볼 것이다(물론 야채 볶음에 대단한 비용이 드는 것은 아니지만 습관을 바꾸는 것도 우리가 감당해야 하는 것이라는 면에서 일종의 비용이다).

시점 할인은 기본적으로 합리적인 면이 있고 투자 결과 예측에도 유용하게 쓰인다. 예를 들어 풍력 발전이나 태양광 발전 시스템에 투자할 때 그것이 채산에 맞을지를 다각도로 분석하는데 이때 미래 예상 수입과 비용을 예상 연간 이자율로 계산하여 0년 차의 현금 흐름을 5년 차, 10년 차 또는 15년 차의 현금 흐름과 비교할 수 있도록 한다. 경제학이나 투자 분석을 잘 모르거나 전혀 모르는 사람이라도 직관적으로 미래의 일은 그 가치가 낮아진다고 느낀다. 더 정확히 이해하기 위해 다음의 상황을 생각해보자. 이를테면 내가 굉장한 부자고 또

착한 사람이라서 당신에게 아무 조건 없이 다음 두 가지 중 하나를 선택하라고 한다면 어떨까?

선택 A 당신에게 오늘 100만 유로를 준다.
선택 B 당신에게 110만 유로를 주는데, 단 1년 후에 준다.

당신은 어느 쪽을 선택하겠는가? 잠시 생각해보라.

여기서 당신은 어쩌면 그 유명한 마시멜로 실험을 떠올릴지도 모르겠다. 쉽지 않은 결정을 내려야 하는 상황에서 자기조절 능력을 시험당하는 그 실험 말이다. 마시멜로 앞에서 먹지 않고 15분을 앉아 있는 데 성공하면 아이는 마시멜로를 하나 더 받는다. 아이는 마시멜로와 함께 방에 혼자 남겨지고 다른 할 일도 없다. 인터넷을 보면 이런 마시멜로 실험 영상이 아주 많다. 이 사실 하나만으로도 시점 간 결정이 얼마나 어렵고 힘든지를 알 수 있다. 많은 아이가 실제로 억지로 딴생각을 하거나 마시멜로를 보지 않으면서 그 영원과도 같은 시간을 참아낸다. 물론 어렵게, 그렇게 한다. 그리고 조금 갉아 먹거나 구멍을 내는 아이들도 많다(맛도 보지 말라고는 안했으니까). 물론 처음부터 기다릴 생각이 전혀 없어서 시험자가 그 방을 채 다 나가기도 전에 다 먹어 치우고 다른 일에 몰두하는 아이들도 있다. 마시멜로 실험에서 잘 참아낸 아이가 나중에 인

생에서 성공한다는, 오랫동안 사람들이 믿어왔던 결론은 차후 실험들에서 반박되었다.[29]

이제 다시 110만 유로를 기다리는 문제로 돌아가보자. 대학생들에게 이런 가상의 질문을 던지면 생각보다 아주 많은 (최소한 매번 대다수의) 학생들이 A를 선택한다. 대다수가 지금 당장 받는 100만 유로가 10퍼센트가 더해져서 1년 후에 받는 110만 유로보다 더 가치 있다고 생각하는 것 같다. 경제학적으로 보면 이것이 합리적인 결정은 아니다. 1년 안에 10퍼센트 가치 상승은 현재 이자율이 대부분 그보다 훨씬 낮을 걸 생각하면 대단한 것이다. 앞에서 언급했던 호모 에코노미쿠스라면 분명 B를 선택할 것이다. 그래서 언뜻 보면 A를 선택하는 것이 미래의 가치를 현재 너무 낮춰서 보기 때문에 그다지 합리적이지 못한 사람으로 보인다. 하지만 꼭 그런 것만은 아니다. 다음의 상황을 한 번 더 생각해보면 이해가 더 쉬울 것이다. 이 상황에서도 나는 부자고 돈을 선물하고자 한다.

선택 A 당신에게 100만 유로를 준다. 단 1년 후에 준다.
선택 B 당신에게 110만 유로를 준다. 단 2년 후에 준다.

앞의 상황과 사실상 똑같은데 두 선택 모두 각각 1년씩 연기됐을 뿐이다. 학생들에게 이 상황을 제시하면 거의 모두가

B를 선택한다. 어차피 기다려야 한다면 1년이든 2년이든 별 차이 없다고 생각하는 것 같다(물론 어차피 가정이고, 내가 돈이 없음이 분명하므로 더 별 차이가 없을 수도 있다).

투자 분석 전문가와 달리 우리 보통 사람은 가치를 따질 때 매년 같은 할인율을 적용하지 않는다. 우리는 곡선 할인Hyperbolic Discounting을 따른다.[30] 우리에게는 현재가 가장 중요하다. 미래로 갈수록 점점 덜 중요해진다.

이것이 기후파괴적인 행동에 대한 변명과 무슨 상관이 있을까? 그리고 기후변화 억제 조치를 받아들이는 문제와는 또 무슨 상관인 걸까? 나쁜 소식은 시점 할인 경향 때문에 우리

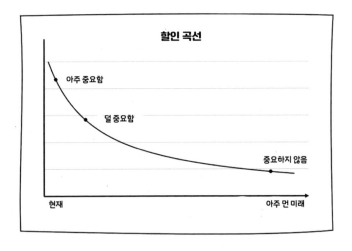

할인 곡선. 처음에는 곡선이 아주 가파르게 내려가다가 점점 더 평평해진다.

는 탄소 배출이 심각한 현재의 생활 습관이 주는 현재의 혜택을 미래의 더 장기적인 혜택보다 더 중요하게 생각한다는 것이다. 그리고 지금 시행해야 하는 행동의 변화도 그것으로 인해 미래에 얻게 될 이득보다 더 크게 다가온다는 것이다. 요약하면 우리에게는 많은 것이 불확실한 먼 미래보다는 현재가 훨씬 더 중요하다. 물론 우리는 미래를 계획할 수 있다. 이것이 인류가 이토록 번영할 수 있었던 이유이기도 하다. 하지만 인간이 미리 내다보는 시간은 그리 길지가 않다. 아닌가? 당신은 혹시 벌써 2040년 계획까지 세워뒀는가?

하지만 좋은 소식도 있다. 시점 할인 탓에 그다지 내키지 않은 조치들을 미루게 되기는 하지만 이런 경향 또한 유익한 방향으로 이용할 수 있다. 예를 들어 시점 할인 덕분에 휘발유 중독자들에게조차 가솔린 엔진의 전면 금지를 10년 안에 실행하든 15년 혹은 20년 안에 실행하든 시점은 중요하지 않다. 정당들은 국민들이 그다지 좋아하지 않을 미래의 조치를 그 5년 전에 미리 의결한다고 해서 내년 선거에서 표를 잃을 것을 걱정하지 않아도 된다(돈 많은 로비 단체의 후원금 삭감은 걱정해야 할지도 모르지만). 시점 할인은 영리하게만 이용하면 기후파괴적인 결정을 좀 더 빨리 멈추게 하는 데 도움이 될 것이다.

"마지막으로 한 번만 더"

다음 주에든 10년 후에든 미래에 무언가를 포기해야 하는 것이 좋게 느껴질 리 없다. 무언가를 포기하라고 하면 기본적으로 그 일을 오히려 더 하고 싶은 반작용이 일어난다. 우리는 다양한 선례들을 통해 잘 알고 있다. 단식해야 한다면 그 전에 마지막으로 한 번 더 거하게 먹고 싶지 않은가? 사육제(카니발)는 그 직전의 사순절(단식절) 기간을 보상하는 제도화한 관습이다. 코로나 팬데믹 동안 락다운 전에도 똑같은 일이 일어났다. 락다운이 공시된 날과 실제로 시작되는 날 사이 며칠 동안 쇼핑센터는 물론이고 카페나 술집까지 사람들의 기록적인 쇄도가 있었다. 단식 전 과식이 단식의 목적에 반하는 것처럼 술집과 쇼핑센터에 사람들이 쇄도하는 것 또한 팬데믹 극복이라는 목적에 역효과를 내는 것이었다. 여기서도 우리는 그 마지막 즐김으로 미래에 더 힘들어질지언정 현재의 행복이 더 중요하다고 보는 것이다.

기후 문제와 관련해 우리는 앞으로 어떤 포기들을 해야 할까? 등유세가 올라 비행기 푯값이 치솟을 수 있다. 지금은 그럴 것 같지 않지만, 탄소 배출량을 규정하는 탄소법을 개인에게까지 적용하는 것도 이론적으로는 가능하다(탄소 배출 허용량에 대한 규제는 현재 특정 산업에만 적용되고 있다). 언젠가 기후변화와 관련된 이런 체감 가능한 국가적이고 법적인 제한들이 생기기 시작하면 분명 저항이 일어날 것이다. 그래서 이런 조치들이 실행되기 전에 탄소 배출량이 오히려 더 많아질 수도 있다. 마지막으로 한 번 더 마음껏 비행하는 한 해를 보내고 싶을 테니까 말이다.

내일, 그래 내일 새 인생을 시작할 거니까.

시점 간 결정

결정에 시간 요소가 뒤따를 때 우리는 시점 간 결정(혹은 시점 간 선택)을 논하게 된다. 예를 들어 뭔가 새로운 것을 구입할 때 올해할 것인가 내년에 할 것인가에 관한 결정이 그렇나. 기후변화와 관련해서는 기후변화로 인해 미래에 있을 결과들을 완화하기 위해 언제 그 대책을 세울 것인가 같은 큰 질문들을 해야 한다. 나중에 열매를 맺으려면 지금 노력할 필요가 있음은 다 아는 사실이다. 비용과 효율을 여러 시점에서 비교하는 일도 꼭 필요하다. 이때 서로 다른 시점이 우리에게 서로 다른 중요도로 인식됨을 두고 시점 할인이라고 한다. 투자 전문가들처럼 우리 일반인도 시점 할인을 한다. 그래서 우리에게도 지금 여기는 미래보다 중요하다. 우리는 '현재 인지 편향Present Bias'을 갖고 있는 것이다.

우리의 직관적인 인식은 전문적인 투자 예측과 달라서 직선 할인이 아니라 곡선 할인에 기반한다. 곡선 할인을 할 때, 어떤 일을 바로 지금 하느냐 아니면 10년 후에 하느냐는 굉장히 다른 의미를 지닌다. 10년 후에 일은 가까운 미래와 비교할 때 당연히 아주 먼 일처럼 느껴진다. 반대로 10년 후와 20년 후의 차이는 그렇게 크게 느껴지지 않는데, 우리는 이 둘을 똑같이 아주 먼 일로 인식한다.

너무 늦었어

이미 소시지다.*

오스트리아 빈 옛사람들의 지혜

지속 가능성이나 기후 연구에 그다지 신경 쓰지 않는 내 지인들은 잊을만하면 "어떻게 생각해? 기후위기, 아직 막을 수 있는 거야? 이미 너무 늦은 거 아니야?" 하고 한번씩 묻는다.

지속 가능성 혹은 기후 연구에 대한 전문지식이 전혀 없는 또 다른 지인들은 나에게 아무것도 묻지 않는다. 단지 "이제 아무것도 할 수 없어. 이미 너무 늦었어"라고 말할 뿐이다.

무엇을 하기에 어차피 너무 늦었다는 가정은 일단 미루고 보는, 방금 살펴본 네 번째 변명과 대조적이고, 무슨 일이든

---

*   "이러나저러나 다 부질없다"라는 뜻으로 소시지 속에 뭐가 들었든 어차피 다 섞였음에 유래한 말.—옮긴이

그 일을 하지 않는 변명으로는 아주 손색이 없다. 그렇다면 대조를 이루는 이 두 변명을 모두 쓰면 우린 무적이 되는 걸까? 아니면 기후친화적인 사람으로서 자기모순을 하나 더 깨닫게 되는 걸까? ("기후 문제는 나중에 해결하자. 그런데 이미 너무 늦었어" 같은 모순 말이다) 나에게 이 "너무 늦었다"라는 생각은 어쩐지 미용실 예약을 자꾸 미루는 상황과 닮았다. 귀찮아서 자꾸 미루다 어느 순간 이렇게 말하는 것이다.

"머리를 깎기에는 이제 너무 늦었어. 어차피 너무 길어버렸잖아. 지난달에 깎았어야 했어!"

사실 완벽한 비유는 아니다. 한 소식통에 따르면 미용실 가기를 좋아하는 사람도 많기 때문이다. 게다가 내가 가는 이발소와 달리 지구라는 행성에서는 리셋이 불가능하다. 나는 석달에 한 번 이발사에게 가서 석 달 전만큼 젊게 만들어달라고 할 수 있고 최소한 어느 정도는 그게 가능하기도 하다. 하지만 기후변화는 되돌릴 수 없다. 그런데 또 달리 생각하면 미용실이든 이발소든 기후보호든 다 똑같이 '너무 늦은' 때는 없다. '지금 당장'이 제일 좋고 그게 안 되면 '가능한 한 빨리'가 우리의 모토가 되어야 한다. 이게 어렵더라도 어쨌든 지구의 탄소 배출량을 10년 안에라도 줄이는 것이 전혀 줄이지 않는 것보다는 분명히 낫다. 물론 그보다 더 나은 것은 당연히 지금 당장 줄이는 것이다. 한 해 한 해 지날 때마다 상황은 더 나빠질 테고, 파괴는 돌이킬 수 없어질 테지만 지구 온도가 평균 4도 더워지는 것이 6도 더워지는 것보다는 여전히 낫다. 전자가 재난이라면 후자는 종말을 부르는 재앙에 가깝다. 알프스 빙하를 보면 사실 곧 "너무 늦었다"라는 말이 맞을 것 같은데 기후변화의 다른 결과들은 여전히 멈출 수 있거나 최소한 줄일 수 있다. 그러므로 기후변화는 15년 후에도 25년 후에도 그리고 50년 후에도 우리의 가장 큰 문제가 될 것이다.[31] 물론 이건 지구 온도 상승이 4도나 6도가 아니라 여전히 2도에 머물 때에 한한 것이고 나는 그렇게 되기를 진심으로 바란다. (사실 2도 높아지는 것도 충분히 나쁘고, 파리 기후 협정에서 제시된 목표들은 즉각적이고 대대적인 노력을 통해서만 도달 가능하다.)

　"너무 늦었다" 변명의 배후에는 무력감과 그것에 동반되는 거리감이 숨어 있다. '일개 개인이 노력한다고 바뀌는 것은 아무것도 없고 이제 어쩔 수 없는 거지.' 심리학 연구들에 따르면 이런 무력감이 실제로 덜 기후친화적인 행동을 부른다. 실제로 변명이 통하고 있고 매우 자주 이용되고 있다는 뜻이다. 감정적 거리 유지는 일종의 자기방어 기제고 자신의 무관심을 정당화한다. 미국인이라면 "어차피 끝났다We are lost anyway"라고 할 테고 오스트리아인이라면 "어차피 소시지다Es ist eh schon wurscht"라고 할 것이다. 그리고 이런 숙명론은 기후변화를 막기 위한 노력에 치명타가 될 수도 있다.

그러나 이 변명은 미용실 방문 같은 다른 결정 상황과 비교해보면 더 이상 통하지 않게 된다. "나는 이미 뚱뚱해서 살을 빼기에는 너무 늦었어" "이미 좀 취했으니까 숙취를 피하기에는 너무 늦었어" "크리스마스트리는 이미 불타고 있고 이 밤은 어차피 망했으니 불을 끄기에는 너무 늦었어" 등등. 이런 논리라면 이미 너무 오래 미룬 집 청소도 완전히 불필요하다. 어차피 금방 또 더러워질 테니까 말이다.

이제 무슨 말인지 알 것이다. 기후변화는 이미 떠난 기차가 아니다. 물론 지난 세기부터 제대로 노력했다면 더 좋았겠지만 결코 너무 늦지는 않았다. 최소한 우리 세대까지는 늦지 않을 것이다. 하지만 "너무 늦었다" 변명에 익숙하다면 이 변명을 버리기가 쉽지 않을 것이다. 한번 배운 것은 잊기 어렵고, 이것은 기후 숙명론 혹은 기후변화에 대한 학습된 무력감에서도 마찬가지다. "늦어도 안 하는 것보다는 낫다" 같은 반대 모토는 환경 운동가나 급진적 자연주의자에게 기꺼이 맡기고 말이다.

학습된 무력감

학습된 무력감Learned Helplessness 개념은 미국 심리학자 마틴 셀리그만Martin Seligman에게로 거슬러 올라간다.[32] 학습된 무력감은 개체(인간 혹은 동물)가 특정 상황에 자신이 더 이상 영향을 줄 수 없다고 예상할 때 생긴다. 그 결과 개체는 객관적으로 해결이 가능할 때라도 더 이상 문제 해결을 위한 노력을 하지 않는다. 이것은 동물 학대의 정점이라고 할 수 있는 한 실험을 통해 알려졌다. 이 실험에서 개들은 도망갈 수 없는 상황에서 전기 충격을 받았다. 그렇게 어느 정도 시간이 지나면 무력감에 사로잡힌 개들은 도망가려는 본능적 노력을 그만두게 된다. 나중에 우리의 문이 열리고 줄도 풀려 도망갈 수 있어도 개들은 무관심한 상태로 계속 전기 충격을 받는다. 이런 결과는 나중에 인간을 상대로 한 실험에서도 그대로 증명되었다. 물론 인간은 전기 충격을 받은 것이 아니라 불편한 소리에 계속 노출되었다.[33]

새로운 연구들은 기후보호에 대한 무력감이 덜 기후친화적인 행동으로 이어짐을 보여주었다.[34] '거대 기업들이 계속 기후를 파괴하는 한 개인이 아무리 기후를 보호한들 아무 소용이 없잖아'라고 생각하는 것이다. 독일의 한 조사에 따르면 이 변명에 동의하는 사람이 62퍼센트나 되었다.[35] 자기 효능감을 이 정도로 의문시한다면 기후보호 노력에 부정적일 수밖에 없다.

나는 급진적
자연주의자가 아니거든

녹색당이 육식을 금지하려고 한다!

〈빌트ᵇⁱˡᵈ〉

이것은 2013년 〈빌트〉에 실린 머리기사 제목이었는데, 모두가 휴가를 떠난 여름철 불황기였음에도 상당한 반향을 불러일으켰다. 독일의 대형 식당들이 일주일에 한 번씩 실시하는 채식의 날을 녹색당이 후원한 것에 관한 기사였다. 후원은 타당해 보였다. 독일 사람 1명당 1년 육류 섭취량이 60킬로그램에 다다른 탓에 환경과 동물 복지에 미치는 부정적인 영향을 무시할 수 없게 되었으니 말이다.

육식 금지를 후원한 것은 분명히 아니었지만, 신문의 표제어는 늘 그렇듯 주의와 흥분을 끌어내기 위해서라면 거짓말도 서슴지 않는다. 중요한 것은 어떤 감정이든 끌어내는 것이고, 주의를 불러일으키기에 분노와 불안 같은 부정적인 감정만큼 좋은 것도 없다. 내 생각에 이런 메커니즘을 〈빌트〉 제작자들이 몰랐을 것 같지는 않다. 어쨌든 녹색당 반대파들과 황색 언론에서는 〈빌트〉가 공개한 녹색당의 후원을 제멋대로 해석했고 나치와 비교하기까지 했다.[36] 때로 '녹색당원님들 GrünInnen'이라는 극존칭 조롱을 받기도 하는데, 그런 '녹색당원님들'이 고기를 금지하려 한다는 것이다. 녹색당이 자동차, 비행기, 육류 등등 우리를 즐겁게 하는 것이면 뭐든 반대하는 금지당 취급을 받는 것이 어제오늘 일은 아니다. 게다가 녹색당은 동성 결혼을 비롯한 다양한 형태의 사랑과 마약 합법화까지 옹호한다. 여성 권리는 물론이고 미성년자 권리까지 보호하니 급진적 자연주의자인 것에서 나아가 극단적 젠더주의자들임이 분명하다. 맞다. 녹색당은 몇 가지 사업에 있어서 보수성향 국민의 공분을 사는 경향이 있다. 환경과 기후 문제를 제외하면 '녹색당'의 가치관이 대다수 국민의 가치관에서 많이 벗어난 것도 사실이다.

바로 이런 이유에서 "나는 급진적 자연주의자가 아니다" "기후보호는 사실 죄다 금지하고 세금을 올리려는 구실일 뿐이다" 같은 변명이 녹색당에 비판적인 사람들 사이에 널리 퍼져 있다. 그리고 이런 변명들 안에는 여러 심리 메커니즘이 함께 작용하고 있다. 세계관(혹은 확증 편향)에 따른 인식, 반발 심리, 후광 효과 그리고 마지막으로 인지 부조화 피하기 메커니즘이 바로 그것이다.

세계관과 가치관의 필터를 거친 인식

우리는 다양한 방식으로 인식을 왜곡하므로 세상을 일종의 안경을 통해 본다고도 할 수 있다. 이 안경이 우리가 보는 것과 보는 법을 결정한다. 이 안경은 우리의 경험, 교육, 세계관에 따라 그 색을 달리한다. 따라서 새로운 정보를 받을 때 그것은 백지에 그려진 완전히 새로운 그림이 아니다. 사실 이미 다 그려진 그림에 약간 덧칠된 쪽에 더 가깝다. 그것도 원래 그림에 썩 잘 어울리는 덧칠 말이다. 이 말은 어떤 상황에 관해 우리 기존의 그림에 맞지 않는 정보는 거부되거나 재해석된다는 뜻이다. 행동경제학에서는 이것을 확증 편향이라고 한다. 우리 뇌는 기존에 믿던 것들을 아주 그럴듯하게 확인하는 방식으로 정보들을 처리한다. 이것은 어느 정도는 타당한 전략이다. 무언가를 인식할 때마다 기존의 생각과 모순되는 것이 보인다면 쉴 새 없이 인지 부조화를 겪어야 하니까 말이다. 인지 부조화는 불편하고 에너지 소모가 크다.

확증 편향은 에너지 소모가 적다. 기존의 관점을 업데이트하거나 완전히 바꿀 필요도 없다. 하지만 확증 편향 탓에 이례적인 폭염이라도 평소에 환경을 의식하는 사람에게만 기후변화의 또 다른 신호가 될 뿐이고, 기후변화 부정자에게는 "여름에 더운 것이 당연하다"로 끝날 뿐이다. 기후변화 부정자들은 100년 만의 이상 기후도 사실은 늘 있던 일인데 예전에는 단지 제대로 보도가 되지 않았을 뿐이라고 생각한다.

확증 편향은 인식과 여론 형성에 강한 영향을 준다. 기존의 관점에 모순되는 정보는 무시되고 기존의 관점을 확증하는 정보는 기록된다. 더구나 페이스북, 엑스 같은 온라인 소셜 네트워크의 알고리즘은 주로 우리 시각에 적합한 생각과 정보들을 제시한다. 이른바 필터 버블Filter Bubble과 반향실 효과Echo Chamber 등이 모두 우리로 하여금 기존의 생각을 거듭 확인하게 만들고, 같은 의견들로만 둘러싸이게 한다. 이것이 2차 확증 편향을 부른다. 필터 버블과 반향실 효과는 오프라인 삶에도 있다. 하지만 오프라인 삶에서는 자주 교정에 노출되기 때문에 최소한 가끔은 자신의 생각을 회의하게 된다. 어느 집에서나 다른 생각을 가진 친척 한 명쯤은 늘 있으니까 말이다.

세계관과 가치관은 기후변화 인식에 중요한 역할을 한다. 미국의 한 연구[37]에서는 사람들에게 세계관을 질문한 다음 일반적인 학문 주제들에 대해 시험을 치게 했고 마지막으로 기후변화의 위험에 대해 얼마나 인식하고 있는지를 조사했다. 연구자들은 사실 학문적 시험에서 좋은 성적을 낸 사람들이 기후변화 문제도 더 진지하게 받아들이고 있을 것으로 추측했다. 하지만 결과를 보면 기후변화 문제는 학문적 지식보다 정치적인 성향과 더 긴밀한 관계에 있었다. 진보 성향의 사람들이 보수 성향의 사람들보다 기후변화로 인한 위험이 더 크다고 본 것이다. 이것은 정당들의 노선이 양극화되어 있다는 말이기도 하다. 민주당원들은 기후변화를 문제로 보는 반면 공화당원들은 그렇지 않다. 지식의 정도를 테스트한 시험의 성적은 그다지 중요하지 않았다. 심지어 시험 성적이 더 좋은 공화당원들이 기후변화 걱정은 오히려 덜 했다. 단 민주당원 중에서는 시험 성적이 좋은 사람들이 기후변화를 더 많이 걱정했다. 뒤따른 메타 연구도 개인의 세계관과 정치적인 이상에 따라 기후변화 문제에 대한 인식의 정도가 달라짐을 증명했다.[38] 대개 미국에서는 진보, 유럽에서는 좌익과 녹색당원 스펙트럼 안에 있을 때 기후변화 문제를 더 심각하게 받아들인다.

세계관과 가치관은 좀처럼 변하지 않는다. 당신은 중요한 문제를 두고 언제 마지막으로 생각을 180도 바꾸었는가? 당신은 혹시 히피에서 재미없는 보수당원으로 돌변했나? 혹은 무신론자였다가 가톨릭으로 개종했나? 만약에 그랬다면 추측하건대 아주 오래전 일일 것이다. 성인이 되면 세계관의 급진적 변화가 아주 드물게 일어난다. 우리의 세계관은 매우 안정적이고 생각을 주조한다. 그리고 세계관과 생각 둘 다 우리 뇌의 정보 처리 과정에 강한 영향력을 발휘한다. '내' 생각의 반대가 옳다는 것이 드러날 때 그 충격은 고통스럽다. 너무 고통스러워서 두뇌 활동 사진으로 증명이 가능할 정도다.[39] 그러므로 자신의 생각이 아무리 현실에서 벗어나도 반대 논증 따위 듣지 않고 자신의 의견을 고수하는 것도 이해는 간다. 때로 반대 증명은 기존의 생각을 심지어 더 강하게 만들며 더 큰 착각을 부르기도 한다.[40] 다른 생각을 가진 사람들 사이의 토론이 양쪽 모두에게 쉽지 않은 게 이런 거부 심리 때문이다. 개인적으로 소중하게 생각하는 가치와 충돌하는 사실들은 그것이 무엇이든 개인적인 가치 그 아래에 놓이게 된다.[41] 자신의 자아상과 경험이 객관적인 사실보다 더 중요하고, 사실은 감정을 절대 이기지 못하기 때문이다.

반발

행동에 제약을 받을 때 우리는 두 가지 방식으로 반응할 수 있다. 먼저 더 이상 할 수 없는 그 행동이 갑자기 덜 하고 싶어져서, 인지 부조화가 저절로 해소되거나 완화될 수 있다. '그 행동을 더 이상 할 수 없지만 어차피 하고 싶지 않았어'라고 반응하는 것이다. 반대로 그 잃어버린 선택지에 예전보다 더 끌릴 수도 있다. 아이에게 축구를 하지 못하게 하면 더 하고 싶어 한다. 행동 제약에 대한 이런 이른바 반발(반발 이론이라고도 한다-옮긴이)이 아이에게서만 일어나는 것은 아니다. 사라진 선택지를 다시 갖고 싶어 하는 경향은 성인도 굉장히 강하다. 예를 들어 미국에서는 금주법 시대에 무허가 술집이 급속도로 늘었고 코로나 락다운 때 전세계적으로 조직적인 락다운 반대 시위가 일어나기도 했다.

학교 구내식당에서 일주일에 한 번 채식의 날을 두는 것도 사람에 따라 행동의 제약으로 느낄 수 있다. 원칙적으로 녹색당을 옹호하는 사람은 이제는 사라진 육식 선택권의 장점을 떨어트리는 방식으로 반응할 것이다. "일주일에 한 번 채식하는 것도 나쁘지 않지. 어차피 고기를 끊어보고 싶은데 뭐."라고 하면서 말이다. 녹색당의 입장에 회의적인 사람들도 원래부터 일주일에 하루쯤은 고기를 먹지 않았을 수도 있다. 하지만 '녹색당의 그런 조치'를 제약으로 받아들이고 반감을 갖는 사람도 분명히 있을 것이다. 이런 반감은 수동적인 반대에서 분노를 동반한 항의(채식의 날 구내식당을 불매운동 한다든지 소시지를 사 먹는다든지)로까지 다양하게 드러난다.

유유상종

"나는 급진적 자연주의자가 아니다"라는 변명은 후광 효과 때문에 더 단단해진다. 후광 효과는 알고 있는 성격적 특성을 기반으로 알지 못하는 성격적 기반을 추론하게 하는 인지 편향이다. 어떤 사람에게서 긍정적인 면을 하나 인지했다고 치자. 그럼 우리는 그 사람의 다른 면들도 다 긍정적일 거라고 추측한다. 반대로 부정적인 면을 인지했다면 다른 면들도 다 부정적일 거라고 추측한다. 우리는 호감 가는 사람이 보통은 그렇지 않은 사람보다 더 똑똑하고 더 근면하고 더 능력 있고 더 신뢰할만하다고 생각한다. '유유상종'이라는 말도 있듯이 반대 세계관과 반대 생각을 가진 사람보다 같은 세계관과 생각을 가진 사람에게 공감할 가능성이 더 크다. 그러므로 우리와 세계관과 생각이 같은 사람을 더 영리하고 더 능력 있고 신뢰할 수 있는 사람으로 보게 되는 것도 당연하다. 녹색당의 입장을 거부하고 반대한다면 그 입장을 대변하는 사람들이 당연히 덜 좋아 보일 테고 따라서 대단히 똑똑하고 능력 있고 신뢰할만한 사람으로 보이지도 않을 것이다.

이것 또한 결국에는 인지 부조화와 관계가 있다. 세계적으로 탄소 배출량이 높은 나라일수록 국민의 문제의식이 평균적으로 더 많이 부족하다.[42] 게다가 기후변화 저지와 환경 보호 같은 주제는 정치적인 주제고, 더 구체적으로는 당연히 환경 운동에서 출발한 녹색당의 주제라고 할 수 있다. 녹색당은 주력하는 주제들의 폭이 넓고, 일반적인 세계관에 반하는 몇 가지 입장으로 인해 모든 사람에게 호감을 사지 못한다. 그래서 다소 무능한 면을 보여줄 수밖에 없다. 내가 만약에 우직한 보수주의자인데도 녹색당의 입장에 동의한다면 그것은 분

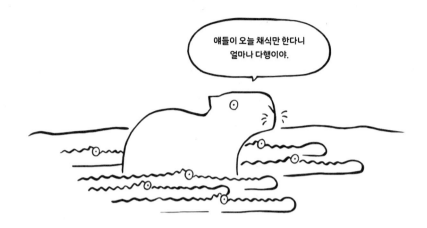

명 우직한 보수주의자로서의 자아상에 상처를 내는 일이 될
것이다. 녹색당을 좋아하지 않지만 '고기를 덜 먹고 차도 덜
몰고 비행기도 덜 타자'라는 녹색당의 제안을 따른다면 굉장
한 인지 부조화가 일어날 것이다. 자신의 세계관을 흔들지 않
으면서('녹색당이 결국에는 처음부터 옳았던 건가?'라고 회의하지 않으
면서) 이런 부조화를 없애기는 결코 쉬운 일이 아니다. 상황을
다르게 봐야 하는데 이것은 다시 말하지만 인지적 노력이 추
가됨을 의미한다. 쉬운 길은 원래 생각을 고수하고, 하던 대로
하는 것이다. "나는 급진적 자연주의자가 아니다"라고 말하면
서 말이다.

확증 편향, 반발 그리고 후광 효과

확증 편향은 어떤 상황에 대한 자신의 입장을 확증하는 정보만 고려하는 경향을 의미한다. 자신의 입장에 반대되는 정보는 무시하거나 재해석하며 인지적 부조화를 피한다. 이때 세계관을 바꾸는 수고를 하지 않아도 된다.

반발은 행동의 제약으로 다가오는 일에 대한 반응으로, 제약을 없었던 것으로 만들기, 공격성, 이제는 할 수 없는 선택지의 가치 떨어트리기 등 다양한 방식으로 보상받으려는 시도다.

후광 효과는 어떤 사람의 한 면에 대한 인식을 기반으로 아직 인식하지 못한 다른 면들까지 단정하는 것이다. 예를 들어 '근면하다'라고 인식된 사람은 '머리가 좋고 리더십이 있고 항상 선의에서 행동한다'처럼 다른 면들도 다 좋을 거라고 단정하고 반대로 '비호감형'이라고 인식된 사람은 '게으르고 머리가 나쁘고 악의가 있다'처럼 다른 면들도 다 나쁠 거라고 생각하는 경향을 말한다.

습관을 바꾸기가 쉽지 않다

인간은 자신의 방식을 바꾸느니 차라리 죽고자 한다.

레프 톨스토이, 작가

나는 보통 새해 결심을 하지는 않는다. 그런데 2019년에는 특별히 페이스북 계정을 없애기로 결심했다. 페이스북에서 보내는 시간이 너무 많았다. 사실 그다지 즐거운 것도 아니었다. 대체로 내가 올린 포스팅에 나 스스로 스트레스를 받는 식이었다. 나는 결심을 실행해 2019년 1월 1일 0시 10분에 페이스북 계정을 비활성화했다. 적어도 부활절(주로 매년 4월-옮긴이)까지는 비활성화 상태로 두는 것이 목표였다.

그 후 며칠은 시사하는 바가 컸다. 책상에 앉아 컴퓨터 모니터를 보다가 아주 자연스럽게 페이스북을 여는 짓을 하루에도 몇 번씩이나 했던 것이다. 그럴 때마다 내가 내 손으로 계정을 정지시켰음을 다시 상기해야 했다. 계정을 최소한 몇 달은 닫아두겠다고 강하게 결심했음에도 자꾸만 불현듯 그곳에 가 있는 나 자신을 발견했다. 특히 딴생각을 하거나 '아무 생각이 없을 때' 그랬다.

새해 결심은 대부분 나쁜 습관에 관한 것이므로 대부분 지키지 못하는 것도 당연하다. 습관은 교통수단 선택, 식재료 사는 방식, 인터넷 이용 방식 같은 일상의 결정들을 좌지우지한다. 자동 조종 장치와 비슷하다. 사는 내내 우리를 조종하고 그만큼 질문과 생각에 드는 시간을 줄여준다. 습관은 우리가 생각하지 않을 때 혹은 다른 무언가를 생각할 때조차 움직일 수 있게 한다. 습관은 한번 자리를 잡으면 없애기가 매우 어렵다. 이것도 우리 뇌의 효율성 때문이다. 우리 뇌는 자동화된 행동 방식으로 에너지 소모를 줄인다.

문제는 우리가 기후에 좋지 않은 습관들을 아주 많이 만들어놓았다는 것이다. 우리는 어딘가로 이동해야 할 때면 자연스럽게 자동차 운전대 앞에 앉는다. 슈퍼마켓에서는 자연스럽게 탄소 배출량이 높은 식품들을 집어 들고, 겨우 한 층 올라가야 할 때도 자연스럽게 승강기를 이용한다. 한번 자리 잡은 습관은 그 습관을 만든 상황이 그대로 안정적인 한 대체로 안정적으로 남는다. 따라서 외부적인 환경이 그대로일 때 습관을 바꾸기란 극도로 어렵다. 그런데 다행히도 가끔 이른바 기회의 문Window of Opportunity이 열리고 덕분에 습관 바꾸기가 조금은 수월해지기도 한다. 특히 새로운 도시로의 이사, 이직, 교육을 마치고 직장의 세계로 들어갈 때 혹은 첫 아이의 탄생처럼 생활 환경이 바뀔 때가 그렇다.

독일 환경 심리학자들은 생활 환경이 곧 바뀔 사람들에게 습관을 재고할 동기를 부여해보자고 15년 전부터 말해왔다.[43] 새로운 도시로 막 이사한 사람들에게 자가용 자동차가 아닌 대중교통 이용을 권하는 것이 그런 가능한 간섭 중 하나다. 새 도시로 이사한 후 새로운 습관들이 생겨나기까지는 시간이 걸린다. 어떤 슈퍼마켓에 가서 장을 볼지, 점심은 어떤 식당에서 먹을지, 퇴근 후에는 어떤 술집에 가서 한잔할지 혹은 어떻게 장소를 이동할지를 결정해야 한다. 첫 몇 주 동안 대중교통 이용에 성공한다면 그것이 습관이 될 가능성이 커진다. 바로 여기서 시당국이 적극적인 도움을 줄 수 있다. 예를 들어 새 이주자가 주소 이전 등록을 할 때 대중교통 한 달 정액권을 선물로 준다면 더할 나위 없이 좋겠다. 연구에 따르면 이런 적극성이 어느 정도 효과를 보인다.[44] 단 받는 즉시 쓸 수 있는 정액권이어야 한다. 그러지 않으면 뒤로 미루고 전혀 이용하지 않게 되기 쉽다(〈변명 4〉 참조). 그리고 꼭 그 사람만 쓸 수 있는 정액권이어야 한다. 그러지 않으면 그 즉시 그 정액권을 팔고 그 돈으로 자동차 기름을 사거나 마요르카행 저가 항공권을 사는 데 보탤 수도 있다. 시민이 주소 이전 신고 날짜를 예약하기 위해 전화를 해오면 즉시 대중교통 한 달 정액권을 보내줘서 그 정액권으로 대중교통을 타고 이전 신고를 하러 오도록 만든다면 더할 나위 없다.

2011년 그라츠로 이사 왔을 때 나도 그런 간섭의 대상이 되었던 것 같다. 오스트리아에서는 이사를 하면 3주 안에 동사무소를 찾아가 전입 신고를 해야 한다. 덕분에 도시들은 새로운 시민들을 재빨리 만나볼 수 있다(독일에서는 심지어 2주 안에 신고해야 한다). 그라츠 행정부는 독일 환경 심리학자들의 제안을 익히 알았는지 나의 이사를 기회의 문으로 인지했다. 그러니까 자가운전 습관에서 나를 벗어나게 하고, 그라츠에서 대중교통 이용 습관을 들이게 하는 기회로 본 것이다. 환영을 알리는 소책자들 사이에는 시장과의 만남 초대장, 도시에 대한 모든 정보가 들어 있었고, 짐작했겠지만 대중교통을 위한 공짜 표도 하나 들어 있었다. 하지만 한 달 정액권은 아니고 당시에 1유로 80센트 하던 한 시간짜리 일회용 이용권이었다.

그라츠시의 의도는 분명히 좋았다. 한 번이라도 공짜로 이용할 수 있는 것이 어딘가. 화장실을 이용하고 받는 50센트짜리 쿠폰도 보통은 사용하니까 1유로 80센트짜리 공짜표도 사용할 가능성이 높다. 하지만 습관이 생기기에는 한 시간으로는 부족하다. 한 시간짜리 표가 두 달짜리 정액권의 효과를 따라갈 수는 없다. 여기서 우리는 그라츠시가 과학적인 지식을

이용하려고는 했으나 제대로 이해하지는 못했다는 결론을 내릴 수 있다. 하지만 예산 부족 같은 진부한 이유로 바람직한 간섭 하나가 시도되자마자 좌초했을 수도 있다.

습관은 일상에 중요한 부분이다. 그리고 건강 문제가 결부되면 더 중요해진다. 찰스 두히그Charles Duhigg는 습관에 관한 책으로 베스트셀러 작가가 되었다.[45] 두히그는 아침 운동 같은 좋은 습관으로 인생의 다양한 분야에서 성공을 부르는 방법에 몰두했다. 그런데 기후친화적인 습관에 관해서라면 개인의 행동만 보는 것은 너무 근시안적일 수 있다. 왜냐하면 기후와 관련한 많은 습관이 사회적 구조와 밀접한 관계에 있고, 그래서 단지 개인적인 습관으로만 치부할 수 없기 때문이다.

사회적 관행

심리학과 비교해 사회학은 습관과 자동화된 행동 방식에 관해 좀 더 포괄적으로 본다. 다시 말해 자가용 자동차 운전, 육식, 비행기 여행 같은 습관을 사회학은 사회적 관행Social Practice 차원으로 본다. 그리고 이런 관행들은 혼자가 아니라 사회적 연결 속에서 실행되므로 관행이 한 번씩 이루어질 때마다 그것이 계속 재현되는 시스템도 동시에 만들어진다.

사회적인 렌즈를 통해서 보면 자동차 운전이나 육식 같은 개인의 기후파괴적인 습관들을 아무래도 더 잘 이해할 수 있다. 사회적 관행을 이루는 요소는 크게 세 가지로 요약된다. 첫째, 물질적 특성, 둘째, 그 행동에 필요한 역량(혹은 기술), 셋째, 그 행동이 우리에게 주는 의미이다. 자동차 운전의 경우 물질적 특성은 자동차 자체라고 할 수 있지만 자동차 운전을 가능하게 하는 도로, 주유소 네트워크, 자동차와 부품 제조 산업의 기간 산업 전체도 이에 포함된다. 역량 요소로는 자동차 운전에 대한 우리가 가진 전문지식이 있다. 하지만 자꾸만 더 큰 자동차를 생산하는 자동차 산업의 역량도 여기에 포함된다. 이 역량 덕분에 전차 선로나 인도가 자꾸 줄어들곤 한다.

사회적 관행의 세 번째 요소인 의미에 관해서라면 할 말이 좀 많다. 독일과 오스트리아만 봐도 자동차는 생활의 주춧돌과 같아서 자동차와의 관계도 아주 특별할 수밖에 없다. 독일 미디어 보도들에 따르면 독일 운전자의 20퍼센트가 자동차에 애칭을 지어준다고 한다.[46] 오스트리아에서는 심지어 40퍼센트가 그렇게 한다.[47] 화석 연료로 움직이는 기계를 의인화하는 이런 행태에 의문을 제기하는 목소리도 있다. 특히 그 운전자의 정신 건강에 대한 의문 말이다. 나는 그럴 필요까지는 없다고 단호하게 말하겠다. 그리고 나도 내 청개구리색 고물차에 이름을 지어줬음을 고백해야겠다. 카렐 골프라고 한다. 그런데 자신의 차를 단지 '차'라고 부르는 사람들에게조차 (나는 이들이 창의성이 매우 부족한 사람들이 아닐까 싶다) 자동차는 종종 단순한 운송 수단 그 이상의 의미를 지닌다. 다시 말해 자동차는 자유와 자율과 즐거움의 느낌을 주고 당연히 그 어떤 위상을 느끼게도 해준다. 최근 몇 년 사이 대도시 청년들 사이에서는 이런 의미들이 사라지고 있어서 자연스럽게 자동차 소유가 주는 의미도 사라진 듯도 하다. 하지만 이 점만 논외로 한다면 자동차 운전은 아주 만연한 사회적 관행의 하나다. 독일은 2인 가정 100가구당 자동차 수가 107대다.[48]

제2차 세계 대전 이래 자동차 운전이라는 사회적 관행의 재생산이 갈수록 심해졌다. 자동차를 위해 도로를 비롯한 기간 시설들이 만들어졌고 이 기간 시설들이 또 더 많은 자동차를 만들었으며 이 더 많은 자동차가 또 더 많은 기간 시설들을 만들었다. 또 여러 사회적인 과정들을 통해 지위와 자유의 상징이 되면서 자동차가 가지는 의미는 더 강해졌고 또 더 많은 사람이 자동차를 열망하게 되었다. 자동차는 개인의 정체성만이 아니라 지역 사회 전체의 정체성도 만들어준다. 어떤 때는 심지어 한 나라의 정체성 형성에 큰 역할을 하기도 한다. 한 나라의 자동차 산업이 매우 막강해서 국민의 자랑거리가 되고 자동차 산업 종사자들이 그 일에서 자신의 정체성을 찾는다면 말이다. 이런 상황이면 버스나 자전거를 이용하는 사람은 종종 그다지 유쾌하지 않은 "스물여섯 살이 되어도 버스를 타고 다니면 그건 실패자지"[49]라는 말을 듣게 된다.

육식 습관도 사회적 관행으로 볼 수 있다. 육식 습관에는 대량 산업을 위한 기반 시설을 포함한 아주 강력한 물질 요소들이 존재한다. 그리고 물론 우리는 육식에 필요한 역량도 갖고 있다(인터넷에는 완벽한 스테이크 굽는 법에 대한 레시피가 넘쳐난다). 그리고 육식이 제공하는 의미는 대다수의 경우에 단순한 영양 섭취 그 이상이다. 봄날이나 여름날 온 가족이 모여 고기를 구워 먹는 모습만 상상해봐도 알 것이다. 그리고 사회적 지위의 문제가 어느 정도 관여한다. 우리 조부모 시대에 고기란 대개 주말이나 특별한 날 먹는 것이었고, 고기를 먹을 수 있는 집은 잘사는 집이었다.

사회적이고 집단적인 관행은 그 사회의 구성원에게 어느 정도 압박으로 작용한다. 평생 농부로 소박하게 사신 내 할아버지는 노쇠해지며 거의 채식만 하셨다. 할아버지는 의도적으로 그러신 것 같지는 않지만, 일요일에 온 가족이 시골 큰 식당에 모여 식사할 때면 곁들여 나오는 야채만 드시고 본식으로 나오는 돼지고기 구이, 커틀릿, 슈니첼 따위의 고기는 "나중을 위해" 싸달라고 하셨다. 그렇게까지 하면서도 온전한 채식 요리를 주문하지는 않으셨는데 그것을 그냥 습관 때문이라고만 할 수는 없을 것 같다. 육식이 갖는 사회적 의미 때문에라도 할아버지는 일요일 시골의 그 큰 식당에서 고기 없는 요리를 주문할 수는 없었던 것이다. 그렇게 했다면 습관 문제를 떠나서 체면이 서지 않았을 테니까 말이다. 물론 나중에 할아버지의 고기를 얻어먹었던 식당의 개, 타소는 좋아할 일이었지만.

기후파괴적인 습관을 논할 때 우리는 개인적인 습관과 사회적 관행을 함께 봐야 한다. 개인적 습관과 사회적 관행은 특정 문맥 속에서 서로 복잡하게 얽혀 있고 한번 생기면 버리기가 절대 쉽지 않다. 습관이 사라지려면 원칙적으로 기본 조건들이 바뀌어야 한다. 기회의 문이 열릴 때가 그럴 때인데 이 문은 생활 환경이 바뀔 때 열린다.

사회적 관행은 기본적으로 역동적이지만 변하는 데 시간이 오래 걸린다. 팬데믹 같은 예외의 경우 마스크 착용, 악수, 화상 콘퍼런스 같은 문제들에서 그랬듯 아주 짧은 시간에 변화가 일어날 수도 있다. 참고로 팬데믹이 기후파괴적인 우리의 습관을 바꾸는 데 기회의 문으로 작용했었는지에 대해서는 단지 부분적으로만 그렇다는 것이 밝혀졌다.

따라서 이 장을 끝내려 하는 지금, 하나가 아닌 두 개의 변명이 생긴 것 같다. 첫째, 기후파괴적인 일상의 결정들에 대한 책임이 온전히 우리 자신에게만 있지는 않다. 자동 조종 장치처럼 작동하는 우리의 습관들(그 프로그램을 누가 짰는지는 모르겠지만)이 상당 부분 우리 이전부터 있었으니까 말이다. 둘째, 기후파괴적인 사회적 관행이 개인의 의지보다 더 강력하다면

80

과연 개인 한 명이 무슨 일을 할 수 있겠는가?

　덧붙이는 말. 나는 페이스북 계정을 다시 열지는 않았다. 나도 모르게 손이 갔고 페이스북 자체도 이메일을 보내면서 자꾸 나를 초대했지만 말이다. 덕분에 평안했다. 하지만 문제는 트위터 계정을 만들었다는 것이다. 그리고 어느 순간부터 페이스북만큼이나 트위터에서도 스트레스를 받았다. 소셜 미디어가 우리 안에 이 정도로 부정적인 감정을 불러일으키도록 우리 스스로 허락하고 있다는 사실 자체가 염려스럽지 않을 수 없다.

습관과 사회적 관행

심리학에서 습관은 특정 자극, 이른바 도화선에 의해 자동으로 일어나는 학습된 행동 방식을 뜻한다. 습관은 충동적인 과정을 통해 이루어지고 따라서 인지 에너지의 소모가 비교적 덜하다.[50] 습관은 매우 문맥 의존적이다. 우리는 반복되는 상황에서 자극을 받고 그 결과 습관적인 행동을 연속적으로 실행한다. 다른 행동 양식이 가능하기는 하지만 인지적 접근성이 떨어진다.[51] 자극이 부르는 습관대로 행동하지 않으려고 하면 인지적 추가 노력이 필요하다.

우리 뇌에 이미 존재하는 양식은 여간해서는 그 신경 네트워크를 끊지 않고 저장 상태를 오래 유지한다. 상당한 노력과 어느 정도의 자기 조절이 있을 때 새로운 습관을 덧씌울 수는 있다. 이미 안정된 환경이라면 습관을 바꾸기가 매우 어렵다. 옛 습관의 신경 지도는 여전히 그 아래 존재하며 쉽게 다시 불려 나올 수 있다. 외부적 환경과 배경을 바꾸면 새로운 습관을 개발하기가 조금 쉬워질 수 있다. 그런데 이 말은 기후친화적인 출퇴근도 우리가 그것에 일단 한번 익숙해지면 그대로 유지될 가능성이 높아진다는 뜻이다. 예를 들어 슈투트가르트-하일부론 지역은 다양한 직종의 401명의 자가 운전 직장인들을 전기 자전거 포함 자전거로 출퇴근하도록 설득하는 친환경 프로젝트를 성공적으로 끝낸 바 있다. 프로젝트 후에도 이들 중 85퍼센트가 앞으로

도 계속 자전거로 출퇴근하겠다고 했다.[52]

사회학에서 사회적 관행이란 집단적으로 행해지는 일상화된 행동 양식을 의미한다. 여기서 중요한 것은 개인적인 행동 양식이 아니라 사회적 관행을 구성하는 요소들이다. 그 요소로는 첫째, 자동차와 자가용 자동차 교통에 맞게 만들어진 기반 시설 같은 물질, 둘째, 자동차를 제조하고 운전하고 수리할 능력 같은 그 행동에 동반되는 역량, 셋째, 자유, 자율, 만족감 같은 그 행동에 부여된 의미가 있다.[53]

8

환경 문제가 아니라도 걱정할 게 많아

나는 미래를 생각하지 않는다.
미래는 어차피 충분히 빨리 온다.

아인슈타인, 물리학자

사실 기후변화나 생물 다양성을 비롯한 환경 주제에 몰두하는 것이 즐거울 수는 없다. '기후변화에 관한 정부간 협의체 IPCC'는 2021년 보고서에서 사실상 적색경보를 발령했다.[54] 인간으로 인해 대기, 물, 땅이 모두 더워지고 있음이 분명하고 지구상 인간이 거주하고 있는 모든 곳에서 빠르고 광범위한 변화가 이미 시작되었다. 이 보고서나 결정권자들을 위한 개요를 읽다 보면 많은 것들이 비교적 분명해진다. 이 보고서에서 공유된 200개가 넘는 주요 연구 모두 기후변화의 진척 상황에 극도의 우려를 표명하고 있었다.

날이 갈수록 미디어 보도가 늘어나고 있으므로 이제 일반인들도 기후변화를 걱정할 수밖에 없다. 현재 전 세계에서 기후변화에 대해 모르는 사람은 거의 없을 것이다. 2018년 입소스IPSOS(다국적 시장 조사 기업-옮긴이) 설문조사에 따르면 세계 인구 87퍼센트가 기후변화를 확신했다. 이런 확신은 특히 라틴 아메리카에서 높은 비율을 보였다. 일본, 미국, 호주, 독일 등 이런 인식이 약간 떨어지는 나라들에서도 상대적으로 높은 약 75퍼센트가 그렇다고 확신했다. 독일인 약 10퍼센트만이 기후변화가 사실은 없을 수도 있다고 했고, 나머지는 어느 쪽으로든 결정을 내리지 못한 사람들이다. 인간이 기후변화에 미친 영향에 대해서도 독일인 최소 절반이 현재 보이는 기후변화가 완전히 혹은 주로 인간에 의한 것이라고 보았다. 반대로 단지 6퍼센트만이 기후변화가 대체로 혹은 완전히 자연적인 과정이라고 보았다. 그러므로 기후변화를 부정하는 사람은 상대적으로 아주 적고 대부분은 기후변화를 사실로 받아들이는 것으로 보인다.

기후변화를 걱정하느냐 아니냐는 또 아주 다른 문제다. 세계 인구 대부분은 이 질문에 분명히 그렇기도 하고 그렇지 않기도 하다고 대답한다. 독일, 오스트리아에서는 다음과 같은 결과가 나왔다. '국민의 3분의 1에서 절반까지는 아주 걱정하고 있고 이 수는 늘어나는 추세다' '나머지 3분의 1은 조금 걱정하고 있고 이 수는 줄어들고 있다' '약 5분의 1은 전혀 걱정하지 않는다' '이 집단은 계속 소수고, 이 수는 안정적이다'. 이

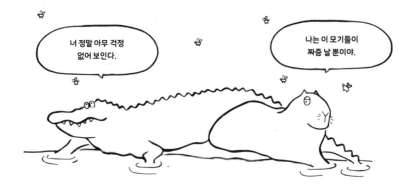

런 조사 결과는 언론 보도에서 "기후변화에 대한 우려가 점점 커지다가 새 정점에 이르렀다!" 같은 표제어를 부른다.[55]

이쯤에서 당신은 궁금할지도 모르겠다. "그런데 도대체 나는 왜 전혀 모르겠지? 그렇게 다들 기후변화를 걱정하고 있는데 왜 아무도 나한테 전화해서 이 시급한 문제에 대해 말하지 않는 거지? 왜 우리는 여전히 다른 문제들만 이야기하고 있는 거야?" 그 대답은 간단하다. 왜냐하면 우리에게는 다른 걱정거리들이 더 중요하기 때문이다. 혹은 더 심각하다고 느끼기 때문이다. 설문조사에서 사람들에게 걱정거리들을 중요도에 따라 말해달라고 하면 기후변화가 그 첫 번째에 오지는 않는다. 런던정치경제대학은 사람들에게 국민 건강, 교육, 범죄, 이민, 경제, 테러리즘, 가난과 기후변화까지 다양한 주제들을 중요도에 따라 순서를 매기라고 했다.[56] 그리고 참가자들 절반 이상이 기후변화를 마지막 혹은 마지막에서 두 번째로 중요하다고 했으며 단지 10퍼센트만이 첫 번째나 두 번째로 중요하다고 보았다. "지금 세계는 무엇을 걱정하고 있는가?"라는 제목의, 전 세계를 아우르는 입소스 조사[57]를 보면 기후변화는 단지 중요도 9위를 차지할 뿐이다. 2021년 8월 당시에는 코로나19, 실업, 가난, 사회적 불평등, 부패, 범죄 같은 주제들이 훨씬 더 심각하고 중요한 문제로 보였다(우크라이나 전쟁의 징후는 최소한 일반인들은 아직 느끼지 못하던 때다). 독일에서도 기후변화에 대한 걱정이 최고에 달했지만 그럼에도 우선순위에 들지는 못했다.[58]

요약하면 "네, 기후변화가 걱정됩니다. 하지만 아니요, 기후변화가 우리의 가장 큰 걱정거리는 아닙니다. 우리를 잠 못 들게 하는 건 실업, 범죄, 가난 같은 것들이죠."라고 말할 수 있다. 게다가 기후변화는 개인적이 아닌 사회적 문제다. 당연히 우리에게는 개인적인 문제가 더 중요하다. 자신의 건강, 가족과 친구의 안녕, 직업 상황, 경제적 안정 같은 것들 말이다. 이런 것들에 문제가 있으면 곧장 타격을 받으므로 정말 걱정된다. 질병과 실업의 타격은 즉각적이고 직접적이다. 기후변화는 우리 모두에게 해당하는 일이고 알다시피 고통은 나누면 절반이 되지 않는가?

기후변화는 손에 잘 잡히지 않는다

기후변화에 대해 알고 있고 어느 정도 걱정도 하더라

도 기후변화는 여전히 손에 잘 잡히지 않는다. 기후변화는 다소 추상적이라 즉시 인식할 수 있는 통계학적 현상이 아니다. 우린 단지 언론 보도를 인지할 뿐이다. 물론 극단적인 기후 때문에 직접적인 피해를 본 사람도 있을 것이다. 하지만 직접적으로 경험할 수 있는 기후 재난과 기후변화는 다른 문제다. 온실가스 문제도 우리 인식 한계선 밖에 있다. 기후변화의 위협은 만질 수 없고 보이지도 않는다. 여기서는 맞서 싸울 수 있는 악당이 없다. 우리로서는 추상적이고 복잡한 개념보다 악당이 다루기가 더 쉽다. 원수나 맹수에 대한 방어라면 우리에게는 수천 년 긴 진화를 통해 배운 노하우가 있다. 하지만 전 지구적인 기후위기 상황에는 안타깝게도 그렇지 못하다.

자신이 하는 행동이 기후에 어떤 영향을 미치는지 직접적인 피드백을 받을 수 없다는 점도 적극적인 기후친화 행동을 방해하는 요인이다. 내가 필요 이상으로 자동차를 운전할 때 지구 온난화가 얼마나 심해지는지 결코 체감할 수 없다. 우리의 행동이 어떤 부정적·긍정적 효력을 발휘하는지 전혀 느낄 수 없다. 따라서 기후변화는 심리학에서 말하는 이른바 현저성이 매우 떨어진다고 할 수 있다. 우리 인식의 눈에 전혀 띄지 않는 것이다.

손에 잡히려면 상황이 구체적이어야 한다. 예를 들어 탄소세가 추가되어 주유할 때마다 20유로를 더 내야 한다면 이제 상황이 손에 잡히고 구체적이 된다. 그리고 주유할 때마다 20유로를 더 내는 것은 당연히 즐거운 일이 아니다. 같은 일에 갑자기 돈을 더 많이 내야 할 때 손해 보는 느낌이고 우리는 손해라면 아주 싫어한다(혹시 당신이 지식욕이 넘치는 사람일지 몰라서 하는 말인데, 전문 용어로 이것을 손실 혐오라고 한다). 매달 하는 단거리 비행을 포기해야 할지도 모른다는 생각 혹은 더 이상 고기를 예전처럼 싸게 살 수 없다는 생각도 마찬가지로 아주 구체적이다. 따라서 탄소세를 비롯한 기후보호 조치들은 현저성이 아주 높다. 우리 인식의 눈에 확 띈다.

기후변화를 부르는 행동에 제약이 걸린다는 전망이 기후변화 자체보다 더 많은 걱정을 부른다면 이것은 기후변화와 그 방어 조치들의 서로 다른 현저성 때문이다. 기후변화의 결과는 느낌상 아직 먼 이야기 같다. 걱정되기는 하지만 일단은 다른 더 중요한 문제부터 해결해야 한다. 그래서 결국 기후파괴적인 행동을 계속한다.

그런데 우리는 대체로 이미 친환경적으로 살고 있지 않을까? 순수하게 느낌상 그래야 할 것 같아서 환경과 기후를 위한 일을 이미 상당히 많이 하고 있지 않을까.

설문조사를 둘러싼 난제들

심리 연구에서 설문조사는 꼭 필요한 부분이다. 그런데 사람들에게 의견과 행동 방식에 관해 물을 때는 그 결과를 해석하고 분석할 때 반드시 고려해야 하는 중요한 제약들이 뒤따른다. 예를 들어 설문조사의 회답률은 대개 그렇게 높지 않다. 따라서 그 결과가 어떤 집단을 대표한다고 보기 힘들 때가 많다. 그리고 설문에 응해주는 사람이 충분히 생각하고 정직하게 대답하지 않을 수도 있다. 다시 말해 자신이 생각하기에 조사자가 듣고 싶어 하는 답 혹은 사회적 규범에 맞는 답, 즉 사회가 바라는 답을 하는 것이다. 환경 혹은 기후보호에 관한 조사에는 여기에 덧붙여 처음부터 환경 문제에 평균 이상의 관심을 갖는 사람들만 참가하는 문제도 생길 수 있다. 혹은 참가자가 자신이 얼마나 환경·기후를 보호하려고 노력하는지 과장해서 이야기하는 일이 벌어질 수도 있다.

질문하는 방식도 대답에 영향을 준다. 예를 들어 질문 문장 혹은 질문의 순서가 결과를 왜곡할 수 있다. 어떤 연구에서는 사람들이 기후변화에 대해 아주 많이 걱정하고 있다고 하는데 또 어떤 연구에서는 기후변화가 걱정거리 순위에서 아주 밀려 있다고 말하는 이유다.[59] 조사 방법이 나쁘고 질문이 의도를 포함할 때, 예를 들어 소비를 하는 데 거의 80퍼센트 사람들이 지속성에 가치를 둔다는 (잘못된) 인상을 줄 수도 있다.[60] 권위 있는 과학 잡지들은 자신들이 진행한 설문조사 결과를 공개할 때 원칙적으로 어느 정도의 질적 연구가 충족되었음을 표시하고 방법론적인 제약들도 밝혀둔다. 반면 시장 조사 기관이나 의뢰 조사 기관이 진행한 설문조사는 과학적 통제가 이루어지지 않아서 제대로 평가된 과학적 연구로 보기에는 어려운 경우가 많다. 그런데도 미디어에서는 그 결과를 그대로 보도한다.

나는 대체로
환경친화적으로 산다

나는 환경친화적이고 환경을 위해
이미 꽤 많은 일을 하고 있다.
익명의 누군가

지붕에는 태양광 발전 시설이, 차고에는 전기 자동차가, 자동차 안에는 늘 천 가방이 비치되어 있다. 그리고 숲에서 보이는 쓰레기는 착실하게 수거한다. 친환경적 삶은 그다지 어렵지 않은 것 같다. 그리고 기후를 파괴하는 행동에 대한 변명으로 친환경적 행위를 이용하는 것 역시 그다지 어렵지 않은 것 같다. 사실 이 변명이야말로 이 책에서 다루는 변명 중에 가장 흔하고 가장 실용적인 것일지 모른다. 우리 모두 한 번은 이런 변명을 해봤을 테고 어쩌면 심지어 그것이 변명인지조차 몰랐을 수도 있다. 하지만 여기서 이 변명의 배후를 잘 따져보자.

친환경과 기후보호는 사실 서로 다른 문제다. 환경파괴적이지만 기후에 미치는 영향은 매우 미미한 행위가 많다. 숲에 플라스틱을 조금 버리고 오는 것은 분명한 환경파괴다. 플라스틱 물질이 분해되려면 영원에 가까운 시간이 필요하고 야생 동물들이 그것을 삼킬 수도 있으니까 말이다. 하지만 이런 한 번의 환경파괴 행위가 기후를 망친다고 볼 수는 없다. 그 플라스틱은 그 숲에 몇백 년 그렇게 버려져 있을 테고, 그러는 동안 온실가스를 배출하지는 않는다. 그러므로 기후와는 상관이 없다. 엄밀히 말해 당신이 수거해온 플라스틱이 쓰레기장으로 가서 태워질 때 배출될 탄소를 생각하면 숲의 플라스틱은 오히려 탄소를 저장한다고도 볼 수 있다. 반대로 탄소 배출은 기후와 관계가 있지만 꼭 환경파괴적이라고 할 수는 없다. 최소한 직접적인 환경파괴 행위는 아니다. 탄소는 알다시피 자연적으로 발생하는 미량 가스다. 그래서 공기를 오염시키지도 유독하지도 않다. 하지만 탄소는 기후 온난화를 부르고 그렇게 간접적으로 지구 생태계에 부정적인 영향을 준다.

추상적인 '환경친화적' 혹은 '기후친화적'이란 말이 모든 사람의 머릿속에서 같은 의미를 지닐 수는 없다. 이런 단어들을 어떻게 이해하는지는 우리가 어떤 정신 모델Mental Model을 갖고 있느냐에 따라 달라진다. 우리는 각자 다른 정신 모델을 갖고 있는데, 이 말은 같은 개념을 두고 서로 다르게 이해한다는 뜻이다. 내가 관찰한 바에 따르면 사람들은 대부분 '기후친화적임'과 '환경친화적임'을 같은 것으로 생각한다. 이 두 가지가 서로 다르다는 것을 이해하는 사람이라도 자신이 기후친화적인 동시에 환경친화적이라고 느끼는 경우가 많다. 한편 환경 보호의 중요성을 인식하고 스스로 환경친화적이라고 생각하면서도 기후변화나 그것의 심각성을 의심하는 경우도 있다. 그래서 기후변화를 막는 조치에 반내하기도 한다. 이런 논리라면 석유와 가스를 태우는 일 또한, 공기 중의 높은 탄소 농도가 식물에게 좋을 수 있으므로 환경친화적이 될 수 있다. (탄소가 식물에게 어느 정도 영양을 공급하는 건 맞지만 이런 주장은 복잡한 생태계의 특성을 완전히 무시하는 허튼소리일 뿐이다)

탄소 1톤은 대체 얼마나 될까?

개인이 탄소 방출의 규모를 체감하기란 쉽지 않다. 그리고 이것이 자신이 대한 도덕적 면허가 아주 쉬운 이유이기도 하다. 그런 의미에서 다음의 정보들은 당신만의 변명들을 재고할 준비가 되었을 때만 읽어보기 바란다.
탄소 환산량 1톤은 언제 생기는가?[60]

- 1인이 일반 여객기로 독일 베를린에서 그리스 크레타까지 한 번

왕복할 때.

- 일반 내연기관 자동차로 약 4000킬로미터를 달릴 때.[61]
- 재생 에너지 전기를 연료로 하는 전기 자동차로 10,000킬로미터를 달릴 때.[62]
- 한 달에 1킬로그램 정도의 소박한 양의 소고기를 4-7년 섭취했을 때. 물론 40-85킬로그램의 소고기를 한 번에 섭취하는 방법도 있다.
- 치즈 130-170킬로그램(5-7년 평균 치즈 섭취량)을 섭취했을 때.
- 3-4일 크루즈 여행을 했을 때.[63]
- 한 움큼보다 작은 양의 비트코인을 다른 곳으로 전송했을 때.[64]
- 10년 동안 쉬지 않고 스트리밍 서비스를 이용했을 때.[65]
- 온라인상의 클릭 수 200만 번.
- 1년 반 동안 소박한 수준의 의류 쇼핑.[66]

비교 탄소 환산량 1톤은 가장자리 길이가 8미터에 달하는 주사위 하나 정도의 용적을 채울 수 있다. 이것은 너도밤나무가 80년 동안 자라면서 저장할 수 있는 탄소의 양이다.

사람들에게 자신이 얼마나 환경친화적인지 묻는 조사를 해 보면 늘 극단적으로 긍정적인 결과들이 나온다. 따라서 사람들이 대부분 환경-기후친화적이고 가능하면 지속성을 따지는 것처럼 보일 수도 있다. 하지만 이런 대답이 자기방어적 주장일 가능성도 매우 크다(앞 장의 설문조사를 둘러싼 난제들 참조). 그럼에도 이런 자기 평가가 진짜 거짓말이라고는 생각하지 않는다. 나는 지금까지 환경을 혐오한다고 말하거나 자신을 환경파괴주의자라고 선언하는 사람을 단 한 명도 보지 못했다.

철강 산업에서 간부로 일하다 은퇴한 내 이웃도 자신을 환경친화적이라고 봤다. 심지어 이 이웃은 그런 자신의 세계관에 매우 적합하게도 철근 콘크리트로 만든 집이 나무집보다 친환경적이라고 믿고 있었다. 철근으로 지으면 벌목하지 않아도 되고 그럼 아름다운 숲을 해칠 이유도 없다는 게 그 이유였다. 이런 의견 차이에도 불구하고 친환경적인 우리 두 사람 사이의 대화는 늘 화기애애하다. 반대로 공공연히 환경파괴를 주장하는 사람과의 만남이라면 나는 아주 불편할 테고 추측하건대 심지어 약간 무섭기도 할 것이다. 거의 모든 사람이 어떤 식으로든 친환경적이라는 사실은 안심이 되는 면이 있다.

그러나 환경친화성은 사람마다 다른 방식으로 표현되고 그만큼 우리의 정신 모델과 떼려야 뗄 수 없는 관계에 있다. 어떤 사람들에게는 자연에서의 체험이나 숲으로의 산책을 좋아하는 것이 자신이 친환경적인 사람임을 보여주는 것이 된다(현재 숲이 자연 생태계가 더 이상 존재하지 않는, 생물 다양성이 매우 부족한 조림 농장이나 다름없다는 사실은 그다지 신경 쓰지 않는 것 같

96

다). 또 자신은 쓰레기 분리수거를 잘하고 유기농 제품을 구입하므로 친환경적이라고 생각하는 사람들도 있다. 그리고 또 나무로 된 집을 짓지 않는 것이 환경친화적이라고 생각하는 사람도 있는 것이다.

그러므로 환경친화성은 매우 주관적인 개념이다. 기후친화성도 마찬가지다. 특히 이 두 개념에 큰 차이가 없다고 생각하는 정신 모델을 갖고 있을 때 더 그렇다. 그러나 어쨌든 일회용 포장지를 삼가고, 방을 나갈 때는 불을 끄고, 전자기기를 스탠바이 상태로 두지 않고, 겨울에 좀 춥게 살고 여름에 좀 덥게 살 때 우리는 객관적으로도 환경친화적으로 행동한다고 말할 수 있다. 식생활에서는 대륙 간 수입 제품은 피하고 육류를 덜 먹고 채소를 더 많이 먹을 수도 있다. 기후 문제를 고려할 때 소고기 스테이크 대신에 치킨윙을 먹는 것만으로도 이미 훨씬 낫다. 뭐든 대부분 중고로 사거나 이웃에게 빌려 쓰는 것으로 (그러는 김에 이웃과 어떻게 하면 환경을 더 보호할지 토론도 하고) 소비를 줄일 수도 있다. 자동차와 비행을 포기하고 대중교통과 자전거를 이용할 수도 있다. 환경과 기후를 생각하는 우리는 생태 발자국을 줄일 수많은 가능성에 매일 대면한다. 그리고 그렇게 생태 발자국을 줄일 때 기본적으로 자신에 대해 좋게 느낀다. 환경과 기후에 공헌했으니까 말이다.

지금까지의 환경 보호 캠페인은 이런 좋은 느낌이 더 많은

부분에서 계속 더 환경친화적인 행동을 부르리라는 희망으로 버텨온 감이 있다. 쓰레기 분리수거를 시작하면 자동차 대신 자전거를 이용하게 되고 그러다 또 언젠가는 거의 채식만 하며 비행도 포기할 거라고 생각한 것이다. 연구들에 따르면 그런 일도 분명 가능은 하다. 환경 보호에 매우 큰 가치를 두는 사람이라면 말이다.[67] 하지만 그 아주 반대의 일도 일어날 수 있다. 몇 년 전부터 전문가들 사이에서 도덕적 면허 개념이 들리기 시작했다.[68][69] 도덕적 허가란 어떤 한 부분에서 기후-환경친화적으로 행동하는 것을 다른 부분에서 그렇지 못한 것을 정당화하는 데 이용하는 것이다. (다른 많은 사람과 달리) 어차피 이미 환경에 어느 정도 일조하고 있으니 가끔 환경파괴적인 행동을 허락해도 된다고 생각하는 것이다. 말하자면 서로 다른 행동으로 서로를 보상하는 것이고 하나의 환경친화적(혹은 기후친화적)인 행동으로 다른 하나의 기후파괴적인 행동을 해도 된다는 도덕적 면허를 받는 것이다. 이때 기후친화적인 결심에도 불구하고 기후파괴적인 행동을 할 때 생기는 인지 부조화 문제도 해결할 수 있다. 그다지 좋지 않은 행동을 보상하기 위해 좋은 행동 하나를 우리 인지에 덧붙이는 것이다. 이때 긍정적인 자아상도 무리 없이 보존된다.

행동 양식의 넓은 스펙트럼에는 효력은 작아도 그만큼 비교적 쉽게 할 수 있는 선택지가 많이 있다. 일회용 봉지 포기는 어려운 일이 아닌데 그만큼 기후변화를 막는 데 크게 공헌한다고 보기는 어렵다. 한편 자가용 자동차에서 대중교통으로 옮겨가는 것, 식생활을 바꾸는 것 같은, 기후변화를 막는 데 크게 공헌할 다른 선택지들은 일회용 봉지 포기와는 비교도 할 수 없이 많은 노력이 든다. 심리적 효력 면에서는 비슷한데 기후변화 방지에 가해지는 효력 면에서의 큰 차이가 있음이 문제다. 전기 절약, 쓰레기 분리수거, 천 가방 이용 같은 쉽게 실천할 수 있으면서 뿌듯한 느낌을 주는 행동들로 가끔 비행기를 타는 행동을 정당화할 수 있기 때문이다. 어쨌든 친환경적인 행동들을 하고 있으니 일 년에 한 번 정도 휴가차 비행기를 타는 것은 괜찮다고 생각하는 것이다. 단 한 번의 장거리 비행이 평생 전기를 절약하고 쓰레기를 분리수거하고 천 가방을 사용해서 아끼는 탄소량보다 더 많은 탄소를 방출한다는 사실은 그래서 기꺼이 무시한다. 심리학적으로 볼 때 좋은 행동을 하나만 해도 이런 무시가 가능해진다. 이것을 전문 용어로 한 가지 행동 편향Single Action Bias이라고 한다.

우리의 정신 모델 속에는 대개 환경 개념과 기후 개념만 같은 것이 아니라 행동 변화도 그 효력이 크든 작든 행동 변화라는 점에서 다 같은 것이다. 다음 페이지에 우리가 할 수 있는 다양한 행동 변화를 그 어려움의 정도와 기후변화를 막는 효력의 정도로 비교해 그림으로 표현해두었다. 그림 왼쪽 아래 구석의 쉽고 효력도 작은 행동들에서 우리는 진짜로 환경 파괴적인 행동에 대한 변명을 발견한다. 반대로 효력이 큰 행동 변화는 어렵게 느껴지고 따라서 오른쪽 위에 위치한다. 내가 보기에 환경-기후를 잘 의식하고 있는 사람들 사이에서 이런 형식의 변명이 매우 애용되고 있는 것 같다. 나는 많은 사람들과의 대화로 관련 변명의 여러 변형들을 수집했는데 여기서 그 몇 가지를 공유할까 한다.[70]

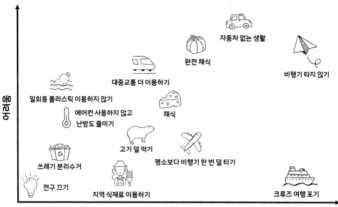

일상 속 선택들의 어려움과 효력

어려움 (세로축)

효력 (가로축)

- 자동차 없는 생활
- 완전 채식
- 비행기 타지 않기
- 대중교통 더 이용하기
- 일회용 플라스틱 이용하지 않기
- 에어컨 사용하지 않고 난방도 줄이기
- 채식
- 고기 덜 먹기
- 쓰레기 분리수거
- 평소보다 비행기 한 번 덜 타기
- 전구 끄기
- 지역 식재료 이용하기
- 크루즈 여행 포기

다양한 기후친화적인 결정들의 어려움 정도와 효력을 거칠게나마 표로 만들어 보았다. 행동 변화의 효력은 많은 상황과 디테일에 따라 달라진다.[71] 특정 행동 변화가 얼마나 어려운지도 개인에 따라 다를 수 있다.

— 내 지인들 몇몇은 대부분 지역 농산물을 사고 소고기 스테이크는 늘 옆 동네 상품을 산다. 물론 브라질에서 열대 우림을 훼손하면서까지 집단 사육, 대량 생산된 고기보다 지역 생산 고기를 사는 것이 더 좋다. 하지만 소고기는 어디에서 생산되든 기후변화에 미치는 부정적인 영향이 꽤 높은 편이다. 이 점에서는 안타깝게도 유기농 소고기나 일반 소고기나 똑같다.[72] 심지어 수입 과일과 채소마저 지역 생산 소고기보다 기후를 덜 해친다.[73] 소고기 생산에서 배출하는 탄소량이 탄소 방출이 적은 상품을 세상 다른 쪽 끝에서 생산해 운송해 오면서 배출하는 탄소량보

다 더 많다는 뜻이다.

- 내 동료 한 명은 시골 부모님 댁을 방문할 때 기후에 해로운 일을 하지 않고자 노력한다. 그래서 거기까지만 자동차를 타고 간다음 그곳에서는 자전거만 이용한다. 칭찬할 만한 일이지만 자전거 몇 킬로미터 타는 것과 자동차 몇백 킬로미터 타는 것은 애초부터 서로 비교 대상이 못 된다.

- 어느 지인은 완전 채식주의자이고 비행기도 타지 않는다. 그런데 이런 희생 탓인지 다른 문제들에 있어서는 전혀 환경을 생각하지 않는다. 인간은 결국 너무 자신을 몰아 부칠 수는 없는 듯하다.

- 남반구에서 온 내 동료는 고향에 살 때 오랜 세월 평균 오스트리아인들보다 탄소 배출을 훨씬 덜 하며 살았다고 생각한다. 그래서 지금 비행기를 탈 때도 전혀 양심의 가책을 느끼지 않는다. 어릴 때 충분히 기후친화적으로 산 것이 현재 기후파괴적으로 살아도 된다는 도덕적 허가를 내려준 것이다.

- 지속 가능성 연구자지만 충분히 기차를 이용할 수 있음에도 무조건 자동차로 출퇴근하는 사람을 나는 몇몇 알고 있다. 지속 가능한 사회를 만들고자 매일 연구하는 일이 개인적인 기후파괴적 습관을 허락해주고 있는 듯하다.

- 지속 가능성에 관한 학술 콘퍼런스나 국제적인 프로젝트에서도 나는 비슷한 논리로 더 광범위한 피해를 부르는 상황들을 목

격한다. '이것은 일이고 이 일로 세상을 더 지속 가능하게 만듦으로 우리는 비행기를 타도 된다'라고 생각하는 것이다. 나와 내 동료들 대부분은 이런 행태를 위선적이라고 본다. 참고로 국제 기후 변화 회의도 재앙에 가까운 탄소 배출을 초래한다. 하지만 회의가 지향하는 높은 목적이 참가자들에게 완벽한 도덕적 면허를 부여한다.

- 어떤 대학생은 완전 채식에 그린피스에 기부도 하고 있으니 그것으로 충분하다고 믿는다. 그의 생각에 따르면 완전 채식[74]으로 자신은 탄소를 충분히 보존하고 있으므로 그 보상으로 장거리는 아니라도 중거리 정도는 비행할 자격이 있다고 생각한다. 이 학생도 결국 자신의 환경파괴적인 결정을 변명하기 위해 엄연히 다른 효력을 발휘하는 행동 둘을 같이 놓고 서로 저울질하고 있는 것이다.

- 쇼핑 날, 패스트패션 상품들을 잔뜩 산 다음 공정 무역으로 생산된 유기농 셔츠를 하나 추가하는 것도 후자를 통해 전자에 대한 도덕적 면허를 받으려는 것이다. 유기농 셔츠의 제조도 기후 파괴적이긴 마찬가지다. 유기농 셔츠는 패스트패션 상품 쇼핑이 기후에 끼친 부정적인 효력을 보상한 것이 아니라 더 악화하지만 심리적으로는 보상받은 것처럼 느껴진다.

우리는 좋은 행동으로 기후파괴를 허가받는다. 그리고 동시에 인지 부조화도 줄인다. 이때 양심의 가책은 전혀 일어나지 않거나 억압된다.

우리는 자기기만적인 기후파괴 행동을 함에도 양심의 가책을 느끼지 않는 데 아주 능하다. 그런데 가끔은, 그러니까 제대로 질문할 때, 이런 도덕적 면허라는 속임수가 성공하지 못할 때도 있다. 집에서 전기 좀 아끼는 것으로 비행기 여행을 상쇄할 수는 없음을 깨닫게 된다면 말이다. 그런데 다행인지 불행인지 경제학자들 덕분에 자기기만 없이 편하게 기후파괴 행동을 일삼을 수도 있다. 우리 행동이 부를 파괴를 돈으로 간단히 보상할 수도 있으니까 말이다.

정신 모델, 스필오버 효과 그리고
도덕적 면허

정신 모델이란 우리 머릿속에 있는, 현실의 모사다. 인식의 한계와 필터 메커니즘 때문에 우리가 갖는 정신 모델은 매우 단순화된 현실의 형태를 띤다. 이 모델은 다양한 인식 왜곡, 문화적 특징, 세계관, 오해 탓에 현실의 구조와 중요 메커니즘을 정확하게 그대로 투영하지 못한다. 그리고 우리가 정보를 인식하고 처리하는 방식은 이 현존하는 정신 모델에 강하게 의존한다.

스필오버 효과는 (전기 절약 같은) 어느 한 부분에서의 자동차를 적게 타는 것 같은 기후친화적인 행동이 다른 분야의 기후친화적인 행동으로 이어지는 현상을 뜻한다. 그러나 이런 스필오버, 즉 '흘러넘치는 효과'는 대부분 환경 보호에 아주 큰 가치를 두는 사람들에게서만 목격된다.

도덕적 면허는 환경과 관련한 문제성이 있어 보이는 행동을 다른 좋은 행동으로 보상하는 것을 의미한다. 예를 들어 단거리 비행으로 인한 기후파괴를 평소 기후친화적인 식생활로 보상하려 들 수 있다. 한 가지 행동 편향은 여러 기후파괴적인 행동을 단 하나의 기후친화적인 행동으로 정당화할 수 있다고 생각하는 것이다.

보상금 내고 있어

내 생태 발자국은 내가 보상하고 있습니다.

익명의 누군가

2020년 1월 그라츠에서 며칠에 걸쳐 진행된, 소형 주택 건축-개조 관련 지역 박람회를 둘러볼 기회가 있었다. 100개가 넘는 업체들이 참여했는데 그중 몇몇은 다양한 난방 설비를 소개했고 또 팔기도 했다. 나는 파리기후협정 후 5년이 지난 시점에서 현재 혹은 가까운 미래에 우리가 쓸 난방 설비가 어떤 모습이 될지 알고 싶었다. 난방으로 인한 온실가스도 상당하므로[75] 난방은 잘하면 온실가스를 크게 줄일 수 있는 잠재성이 큰 분야이기도 하다. 박람회 입구, 그러니까 전체 공간에서 가장 좋은 자리임이 틀림없는 곳에서 제일 먼저 본 것은 기름 난방 설비를 파는 부스였다. 솔직히 조금 놀랐다. 그리고 그 난방 설비와 최고 품질의 기름 난방이라는 울트라섬Ultratherm에 '기후 중립(기후에 악영향을 끼치지 않는다는 뜻-옮긴이)' 딱지가 붙어 있다는 데 한 번 더 놀랐다. 내가 알기로 기름 난방은 기후 대차대조표를 따져볼 때 구식의 석탄 난방 다음으로 가장 나쁜 방식이다. 게다가 석유는 사실 그냥 태워버리기에는 너무 소중한 천연자원이다. 그래서 나는 그 업체의 대표에게 기름 난방이 어떻게 기후 중립적인지 혹은 지속 가능한지 공손하게 물어보았다. 그 역시 간단하지만 공손하게 "탄소 중립 인정서를 받아서 그렇다"라고 했다.

사실 탄소 중립 인정서는 탄소를 배출해 기후에 해를 끼칠 때 이른바 기후 보상(즉 탄소 상쇄를 말한다)을 하게 하자는 데서 나왔다. 말하자면 탄소 배출 인정서를 사게 하는 것이다. 그렇게 받은 돈은 기후친화적인 프로젝트에 쓰인다. 예를 들어 개발도상국 내 녹화 사업이나 지속 가능한 풍력·태양열 발전소에 투자된다. 이것이 기름 난방 장치에 기후 중립 딱지를 붙일 수 있는 이유다.

비행에도 비슷한 시스템이 적용된다. 여행자에게 한 번 비행할 때 일어나는 탄소 배출을 약간의 벌금으로 보상하게 만드는 공급자들이 있다. 비영리 단체 '아트모스페어Atmosfair'는 빈-베를린 왕복 비행에 1명당 평균 140킬로그램의 탄소가 배출됨을 계산했다. 그런데 항적운을 비롯한 항공기 운항이 상공에 미치는 다른 많은 영향을 다 합치면 사실 지상에서 탄소 300킬로그램을 배출하는 것과 같은 효과를 낸다. 사실 실감하기 어려운 굉장한 양이다. 약 1,000킬로미터 비행이 배출하는 탄소 300킬로그램은 이미 우리 개인에게 할당된, 기후가 감당 가능한 1년 탄소 배출량의 5분의 1에 해당하는 양이다. 하지만 걱정 없다. 2022년 초 기준 이런 기후파괴 행위에 대한 보상금은 그렇게 비싸지 않으니까 말이다. 10유로밖에 안 된다. 이렇게 싼 가격으로 기후를 보호할 수 있다니 정말 놀랍지 않은가?

아트모스페어 같은 단체들은 개인이 자신의 기후 발자국을 실감하게 하는 데 중요한 역할을 한다. 반면 위와 같은 보상 메커니즘은 정당한 이유에서 비판받을 수밖에 없다.[76] 보상금으로 이루어진다는 조림 사업이 잠재성에 있어 그 한계가 명확하다는 이의 제기도 그중 하나다.[77] 대단위 조림 사업은 단일종 재배에 의존하거나 지역 여건에 부적합해 자주 실패로 끝나고 마는 실정이다. 공기 중의 탄소를 걸러내 땅속에 저장한다는 이른바 '탄소 포집 및 저장CCS 기술'이 시장성을 얻을 날도 요원하다. 문제는 시간이다. 탄소는 지금도 배출되고 있는데 방금 새로 심은 나무나 지금 막 결과를 보이고 있는 신기술들이 탄소를 공기에서 걸러내는 데는 수십 년이 걸릴 테니까 말이다.

탄소 중립 인정서의 가격이 너무 싸다는 비판도 있다. 겨우

당신의 기후 발자국

탄소 방출	294kg
보상액	10유로

비행 시 발생하는 (당신의) 기후 발자국

탄소 294kg

에티오피아 사람 1인당 1년 탄소 배출량

560kg

자동차 운전 1년 평균 12,000킬로미터의 탄소 배출량

2,000kg

기후가 감당할 수 있는 1인당 탄소 배출량

1,500kg

비영리 단체 아트모스페어 웹사이트가 알려준 빈-베를린 왕복 비행의 기후 발자국.

꾀꼬리 버섯 1킬로그램 정도 살 수 있는 10유로로 기후를 파괴하는 탄소를 300킬로그램이나 살 수 있다.

심리학과 행동 경제학 덕분에 벌금의 심리학적 메커니즘은 잘 알려져 있다. 이 주제에 대한 꽤 의미 있는 실험이 이스라엘에서도 이루어졌다.[78] 유치원에 아이를 맡긴 부모들은 저녁이 되면 아이를 찾으러 와야 하는데 언제나 늦는 부모들이 있다. 그럼 유치원 교사들은 추가 근무를 해야 하고 아이들은 칭얼대고 늦게 나타난 부모는 미안함에 쩔쩔맨다. 이렇게 매번 모두가 힘든 상황이 발생한다. 그러다 누군가가 자꾸 늦게 오

는 부모에게 작은 벌금을 물리자는 멋진 생각을 해냈다. 늦을 때마다 장부에 기록하는 식이었다. 그런데 그 결과에 경제학자들은 놀라지 않을 수 없었다. 부모들이 늦는 횟수와 그 시간이 줄어들기는커녕 한층 더 늘어난 것이다.

무슨 일이 일어났던 걸까? 벌금 규칙이 생기기 전에 부모들은 늦으면 당연히 굉장히 미안해했다. 죄책감을 느꼈고 교사에게 사과했고 정말 정신없이 바쁘고 힘든 하루여서 어쩔 수 없었다고 다음부터는 그러지 않겠다고 했다. 그런데 지각 행위에 벌금을 물리고 나자 그런 죄책감이 사라졌다. 어쨌든 돈을 지불했으니 죄책감에서 풀려난 것이다.

이 이야기는 시장 논리와 금전적 유인책을 쓸 때는 신중해야 함을 알려주는 일종의 경고다. 사회적 규칙과 도덕적 의무가 명확한 조직에 시장 논리를 도입하면 그동안 유용했던 규칙과 의무가 사라져버릴 수 있다. 행동경제학자 유리 그니지Uri Gneezy와 알도 루스티치니Aldo Rustichini는 자신들의 이 유치원 실험에 '벌금은 곧 가격표'라는 이름을 붙였다. 유치원이 실수를 깨닫고 벌금제를 다시 없앴을 때도 부모들의 행동은 나아지지 않았고 벌금제가 없던 때 수준으로도 돌아가지 못했다. 아이를 늦게 데리러 오는 일에 한번 가격표가 붙고 나자 벌금제를 없애도 시장 논리는 사라지지 않았다. 벌금제를 없애는 것은 이제 단지 특별 세일 정도로 인식되었고, 알다시피 특별 세일을 놓치고 싶은 사람은 그리 많지 않다.

헌혈 수를 늘리려고 금전적 유인책을 쓸 때도 비슷한 결과를 보게 될 것이다. 헌혈은 기본적으로 사회를 위한 명예로운 행위이고 이런 행위는 고결하고 이타적인 동기에서 이루어진다. 그런 헌혈을 보상한답시고 소액의 돈을 받게 한다면 헌혈하고 싶어 하는 사람의 수가 줄어들 수 있다.[79] 우리는 사람을 살리는 일에 기꺼이 자신의 혈액을 기부하고 싶어 한다. 음료수와 쿠키 그리고 여러 번 헌혈했다면 명예의 훈장까지도 기꺼이 받겠지만 혈액 1리터당 10유로를 받는다고? 겨우 꾀꼬리버섯 1킬로그램 정도 살 수 있는 돈? 소중한 혈액을 그렇게 싸게 팔 수는 없다(가격표가 붙지 않은 꾀꼬리버섯 1킬로그램을 준다고 하면 어쩌면 헌혈할지도 모른다. 돈이 우리의 행동 방식에 미치는 영향은 이처럼 참 독특하다).

비행기로 여행하고 기름으로 난방하기 위해 내는 이 얼마 안 되는 보상금은 우리에게 진짜 어떤 의미일까? 어쩌면 유치원 이야기에서와 비슷한 심리적인 효과에서 그 의미를 찾아야 할지도 모른다. 보상금을 내면서 죄책감도 함께 버린다. 기후를 해치지 않는다고 생각하며 빈에서 베를린으로 날아갈 수 있고 저임금에 시달리며 곧 또 파업할 기차 승무원들의 안색을 살피지 않아도 되고 정당한 소득이 주어지는 사회, 빈부격차 없는 사회를 고민하지 않아도 된다. 이 정도면 세상에서

와 자 작 !

기후 보상금을 내는 것만큼 수지맞는 일도 없을 것 같다.

"보상금 내고 있다"라는 변명은 보상이 제대로 될 때만 정당한 변명이 될 수 있다. 하지만 지금으로서는 좋게 말해 의구심이 들지 않을 수 없다. 사실 양심의 가책을 더는 용도라면 빈에서 베를린으로 비행하는 데 10유로를 내든 100유로를 내든 차이도 없다. 10유로든 100유로든 보상금은 보상금인 것이다. 10유로를 낸다고 해서 죄책감을 더 느끼고 100유로를 낸다고 덜 느끼는 것이 아니다. 그러므로 추측하건대 낮은 보상금은 좋은 점보다 나쁜 점이 더 많다. 하지만 항공사들 입장에서는 이 터무니없이 싼 '보상금'을 우리가 자율적으로 낼 수 있다는 가능성 자체가 하나의 은총이다. 고객들에게 보상금 제도로 기후보호에 기여할 수 있다고 그럴듯하게 주장할 수 있으니까 말이다. 기후를 의식하는 고객들도 특별 세일이나 다름없는 보상금으로 양심의 가책 없이 비행할 수 있고 이것이 급기야 승객의 수를 늘리기도 한다.[80] 보상 메커니즘이 이처럼 계속 비합리적이라면 최악의 경우 보상 메커니즘 때문에 탄소 배출량이 심지어 더 치솟을 수도 있다. 탄소 중립 인정서 제도를 중세의 면죄부 판매와 비교하는 사람들도 있다.[81] 도덕적으로 아무리 사악한 행동을 했어도 교회에 적당히 기부하면 모든 죄가 사해지고 천국으로 향하는 문이 열린다는 그 면죄부 말이다.

경제학자들은 모든 것에 가격을 매기려고 한다. 그리고 경제학자의 정신 모델은 인간은 합리적이라서 언제나 금전적 효율을 최대화한다고 가정한다. 그런데 숲을 개간해 쇼핑센터를 지을 것인가 그대로 둘 것인가를 결정해야 한다면? 우리는 숲과 쇼핑센터를 어떻게 비교하나? 사람들은 이런 질문에 경제학자들이 내답할 수 없다고 생각할지도 모르지만 이런 질문에도 답은 있다. 숲은 나무와 버섯 같은 천연자원을 갖고 있고 신선한 공기와 휴식처 제공 같은 서비스를 제공하는데, 이것들에는 가격을 매길 수 있다. 그럼 숲이 매년 가치 창출을 얼마나 하는지 계산할 수 있고 이것을 쇼핑센터의 그것과 비교할 수 있다. 쇼핑센터가 창출하는 가치는 완전히 다른 가치지만 이것 또한 가격을 매길 수 있다.

당신은 신선한 공기에 어떻게 가격을 매길 수 있느냐고 물을지도 모르겠다. 솔직히 말해 나도 그게 궁금하다. 경제학자들은 이 경우 단지 추정을 한 다음 이를 바탕으로 모델을 만든다. 어쨌든 최대 효율을 추구하는 경제학자는 합리적으로 더 많은 가치를 창출하는 쪽을 선택할 수 있고 따라서 숲을 개간하고 그곳에 쇼핑센터를 세우는 것도 선택할 수 있다.

천연 자본과 인간이 만든 자본을 등가로 보고 서로 교환 가능하다고 보는 이런 논리는 지속 가능성 연구에서 약한 지속 가능성으로 분류된다.[82] 지속 가능성 학자들의 많은 수가 이런 접근 방식을 거부하고 강한 지속 가능성을 지지한다. 인간이 만든 자본을 천연 자본 아래 두고 다른 모든 생명에 기반이 되는 생태계를 인간이 만든 체계 위에 두는 것이다.

지속 가능성 관점에서 볼 때 이른바 외부 효과라고 부르는 환경-기후파괴에 가격표를 붙이는 것은 그러므로 어느 정도 비판받을 만하다. 기후파괴 행동을 벌금으로 보상하게 해서 기후파괴 행동을 하지 못하게 하는 것은 언뜻 이치에 맞는 것처럼 보인다. 하지만 이것은 아주 높은 벌금만이 실제로 효과가 있다. 바로 그래서 현재의 탄소 배출 가격에 의구심을 가질 수밖에 없다. 이런 보상금 지급은 어차피 심리학적으로도 문제성이 있다. 시장 원리의 도입이 사회적 도덕적 규범들을 없애버릴 수 있다는 점에서 그렇다.

보상금 지불은 양심의 가책을 느끼지 않게 하고 나는 양심의 가책을 느끼지 않는 사람이 무섭다. 양심의 가책을 느끼지 않는 사람은 무슨 짓이든 할 수 있으니까 말이다.

환경 경제학과 강한 지속 가능성

경제학의 다른 분야들과 달리 환경 경제학은 깨끗한 공기나 안정된 기후 같은 이른바 환경 성능을 시장에 통합하려 든다. 통제되지 못하는 환경 성능은 과도하게 이용될 수 있다는 것이 이들의 논리다. 그래서 환경에 미치는 영향에 가격을 매기는 것으로 공공 수단의 지나친 이용을 금지하려 한다. 가장 대표적인 예가 탄소세다. 탄소 배출에 세금을 부과할 때 탄소 배출이 줄어들 것이라고 희망하는 것이다(탄소세에 대한 반응으로 기업들이 예를 들어 더 효율적이고 깨끗한 기술 계발에 투자할 수도 있으니까).

가격표를 붙이는 것은 기본적으로 효과가 있다. 하지만 개인 수준에서는 부작용도 생긴다. 특히 시간 엄수, 헌혈, 환경친화성 같은 사회 도덕적 규범이 강한 영역들에서 그렇다. 이런 영역들에 도입된 시장 원리는 오히려 기존의 긍정적인 규범들을 무력하게 만들 수도 있다.

환경 성능에 가격표를 매기는 것, 다시 말해 환경 성능을 시장에 통합하는 것도 비판받고 있다. 환경 성능을 시장에 통합할 때 천연 자본과 인간이 만든 자본이 비교 가능해지고 그 결과 교환도 가능해진다. 이런 교환은 생태계, 기후 같은 자연 체계에 제일 먼저 우선권을 부여하는 강한 지속 가능성 개념에 위배된다. 인간 공동체로서의 사회 체계는 자연 체계 아래에 오고 천연 자본을 희생시켜서는 안 된다. 경제 체계는 여기서 사회 체계 아래 세 번째 자리를 차지한다. 즉 경제 체계는 사회 체계도 자연 체계도 해칠 수 없다. 환경과 사회가 경제에 틀을 제공하게 해야한다.

반대로 약한 지속 가능성 개념은 환경, 사회, 경제를 등가의 세 개의 기둥으로 본다. 간단히 말해 인간이 만든 자본으로 천연 자본을 대체할 수 있다. 자본을 늘리는 일이라면 자연 생태계를 침해하는 것도 삶의 질을 희생하는 것도 정당화될 수 있다. 이것은 지속 가능성 연구 전문가들이 대다수 반대하지만 정치적 의사결정 과정에서 거듭 목격되곤 하는 접근법이다.[83]

11

나는 두렵다

여러분이 두려워하길 바랍니다.
여러분이 집이 불탈 때처럼 행동하기를 바랍니다.

그레타 툰베리, 기후 활동가

스웨덴의 기후 활동가 그레타 툰베리의 말이다. 우리는 두려워해야 하고 집이 불탈 때처럼 행동해야 한다. 그레타 툰베리는 이 말로 상황이 얼마나 급박한지를 알리고 기후변화를 막는 단계들을 지금 당장 밟아나가야 함을 강조했다. 영국의 환경운동단체 '멸종 저항XR, Extinction Rebellion'은 재앙을 연상시키는 "우리는 멸종을 향해 날아가는 중" "지구가 죽어가고 있다" 등 급진적인 슬로건을 내걸어 사람들의 관심을 끄는 데 어느 정도 성공을 거두기도 했다.

그렇다면 두려움은 기후위기를 막는 데 쓸 수 있는 적절한 도구일까? 두려워할 때 우리는 과연 문제의 시급성을 더 잘 알아차리고 대처할 수 있을까? 기후변화가 무섭다고들 하는

데 혹시 이 말이 과장이고 심지어 아무것도 하지 않는 것에 대한 또 다른 변명은 아닐까? 대답하기 쉽지 않은 문제다.

부정적인 감정들은 확실히 불편하다. 우리 중에 기꺼이 분노하고 싶은 사람은 거의 없을 것이다. 기꺼이 두려워하고 싶은 사람은 더더욱 없을 것이다. 그런데 이런 부정적인 감정들조차 수천 년 넘게 인류를 도왔던, 아주 중요한 기능들을 갖고 있다. 분노와 두려움으로 타인에게 고통을 주는 것이 도움이 되었다는 뜻은 물론 아니다. 부정적인 감정에는 아주 근본적인 기능이 있다. 분노와 두려움이 있었기에 인간은 하나의 종으로서 생존할 수 있었던 것이다. 긍정적인 감정처럼 부정적인 감정도 신속한 행동을 가능하게 한다. 그런데 무언가를 결정해야 하는 상황에서 부정적인 감정은 긍정적인 감정과 달리 정반대의 선택지를 제시하기도 한다.

분노는 우리의 시야를 좁히고 주의를 집중시키며 그 순간에 필요한 에너지를 제공한다. 위험한 상황에 있을 때 주의를 집중할 수 있고 적절한 행동을 취하는 데 필요한 에너지까지 받게 된다면 이보다 더 좋을 순 없다. 그러므로 분노는 경쟁자나 위협으로부터 우리 자신을 지키게 하는 생존 메커니즘이다. 하지만 분노에는 그 이면도 있다. 좁아진 시야는 육체적인 공격을 받는 것 같은 간단한 결정 상황에서는 분명 도움이 된다. 하지만 복잡한 결정 상황에서 분노는 좋은 충고자가 못 된다. 이 말을 믿지 못하겠다면 다음에 화가 날 때 복잡한 퍼즐을 한번 맞춰보자. 시간 제한을 두고 체스를 두는 것도 좋다.

두려움도 생존에 아주 유용한 감정이다. 건강을 해치지 않는 적당한 정도의 두려움은 쓸데없이 위험한 상황에 빠지지 않게 해준다. 두려움 덕분에 손대지 않는 것들이 분명히 있다. 두려워서 얼어붙었다는 말도 있듯이 우리는 두려울 때 제일 먼저 경직된다. 거대한 맹수 같은 분명한 위협에 마주치는 상황이면 경직되어 가만히 있는 것이 그 즉시 흥분하며 싸우려 드는 것보다 생존에는 더 낫다. 두려울 때 우리는 적극적으로 무언가를 하지 않아도 문제가 저절로 사라지기를 바란다. 두려움은 도망이라는 또 다른 선택지도 제공한다. 그냥 도망치며 절망적인 대치 상황 혹은 압도적인 위협 상황을 모면하는 것이다. 이 또한 생존에는 나쁘지 않은 전략이다.

눈치 챘겠지만 나는 기후위기에 관해서라면 두려움이 좋은 충고자라고 생각하지 않는다. 마치 자기 집이 불타고 있는 것처럼 두려워하며 기후위기를 본다면 우리는 제일 먼저 무엇을 할까? 아마 도망부터 갈 것이다. 미친 듯이 보험 증서를 찾고 사랑하는 사람을 챙길 것이다(어쩌면 사진 앨범도 몇 개 들고 나올 것이다). 그리고 나서야 불을 끄며 피해를 최소화하려 애쓸 것이다.

기후위기는 화재보다 훨씬 더 복잡한 문제다. 사실 두려움으로는 이 문제를 거의 조금도 해결할 수 없다. 여기서 두려움은 기껏해야 모래 속에 고개를 파묻고 문제를 무시하기 위한 또 하나의 변명에 지나지 않는다.

어차피 기후위기에 대한 두려움이 우리의 주된 문제는 아닌 것 같다. 나는 그레타 툰베리가 정치적 의사 결정자들 혹은 기후변화를 의식하는 사람들에게 두려움을 조장했다고는 생각지 않는다. 감사하게도 툰베리의 활동들이 기후 문제에 대한 관심을 많이 불러일으켰고 그런 의미에서 "무서워하기를 바란다"는 말도, 모든 사람에게 두려움과 무서움을 퍼뜨리지 못했다고 해도(혹은 모든 사람에게 두려움과 무서움을 퍼뜨리지 않아서) 분명 적절했다고 본다.

그런데 기후에 대한 두려움 혹은 기후 불안증은 심리학에서 주목받고 있는 주제기는 하다. 기후위기는 심리와 정신 건강에 부정적인 영향을 끼칠 수 있다. 예를 들어 기상 재해가 공동체에 야기하는 (경제적 피해, 갈등 등) 사회심리적 영향 같은 직접적 영향이 있고,[84] 기후 문제 토론 등이 부르는 강한 불안과 걱정, 간단히 말해 기후 불안증 같은 간접적인 영향이 있다.[85]

기후 불안증은 환경친화적인 가치관을 갖고 기후변화 문제에 매우 고심하는 사람들이 주로 겪는다. 그 외의 사람들은 대부분 자기방어 전략을 이용하므로 기후 불안증을 전혀 느끼

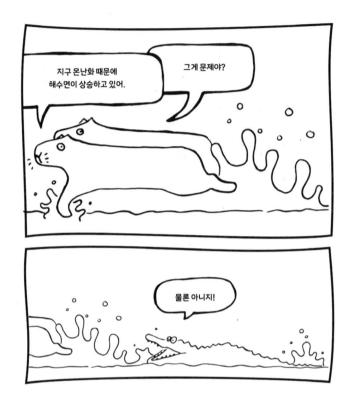

지 않는다. 2021년 독일의 한 자료를 보면[86] 많은 사람이 기후-환경친화적인 행동을 하지 않는 이유가 다양한 자기방어 전략을 쓰기 때문임을 알 수 있다. 이 전략들은 환경 주제를 피하는 것("관심 없어")부터 자기 합리화(〈변명 1〉에서 살펴본 "어차피 나 혼자 노력해봐야 소용없어")를 넘어 문제 부정("문제는 없어")까지 다양하다. 여기서 두려움만이 아니라 정신을 보호하기 위해 이용하는 두려움 기피 전략 역시 우리를 아무것도 하지 못하게 만든다는 것을을 알 수 있다.

공동체에서 벌어지는 토론들을 보면, 기후변화를 막기 위한 정책과 그것에 따라오는 조치들에 대한 두려움이 기후변화 자체에 대한 두려움보다 더 큰 것처럼 보일 때가 있다. 폭염이나 홍수보다 자동차 주유비가 오르고 운전 속도 제한이 붙을 일을 더 두려워하는 것이다. 여기에 에너지 집약 산업에서 일어날 실업에 대한 두려움 혹은 라이프스타일에 가해질 제약에 대한 두려움이 더해진다. 이런 두려움과 걱정이 극도로 상황이 나빠지고 있는 생물 다양성이나 올라가는 해수면에 대한 두려움보다 큰 사람들이 실제로도 적지 않다. 물론 기후변화 조치들이 부를 변화들에 두려움을 가질 수밖에 없는 집단들도 있다(이 사람들에 대해서는 〈변명 24〉에서 다뤄보겠다).

나는 기후변화와 쉽지 않을 조치들에 대한 두려움 모두가 큰 문제라고 생각한다. 둘 다 잘 생각해봐야 할 주제다. 하지만 전체적인 사실들이 두려움을 일으킬 만하다고 해도 두려워서 내리는 정치적 결정도, 불안에 떠는 과학자·기업가도 기후변화를 극복하는 데 도움이 되지 않음도 사실이다. 불안에 떠는 국민도 나을 게 없다. 복잡한 문제에 대면할 때 우리에게 필요한 것은 창의성, 넓은 시야 그리고 적극성이다. 이런 것들은 두려움이 아니라 긍정적인 감정에서 나온다. 기후변화에 대한 갑갑한 뉴스만 들리는 상황에서 쉽지 않은 일이지만 우리가 독창성, 창의성, 혁신적 사고 능력을 제대로 발휘하려면 기본적인 자세를 낙관적으로 가질 필요가 있다. 긍정적인 감정은 좋은 동기를 부여하고 인내심을 강화하고 사회에 좋은 행동도 더 많이 하게 만든다.[87] 바로 위급한 상황에 있을 때 큰 도움이 된다.

하지만 맹목적인 낙관주의도 비현실적인 희망도 좋을 건 없다. 기후보호의 좋은 점을 이야기하는 것은 좋지만 지나친 낙관주의와 비현실적인 희망을 불러일으킬 수 있고, 이것은 오히려 다시 행동 변화를 위한 준비에 소홀하게 만드는 부정적인 결과를 부를 수도 있다.[88] 그러므로 긍정적인 감정과 부정적인 감정의 기능들을 잘 이해해야 하고, 특히 기후위기에 대한 소통에 있어 이 두 감정들을 매우 신중하게 이용해야 한다. 맹목적인 두려움도, 맹목적인 낙관도 기후친화적인 사회라는 목표에 도달하는 데 그다지 큰 도움이 되지 못한다.

우리는 긍정적인 감정이 필요하다. 시각을 넓히고 창조성을 발휘하고 라이프스타일의 변화를 받아들이려면 말이다. 하지만 꼭 그만큼 부정적인 감정도 필요하다. 우리에게 없어서는 안 될 비판적인 시각을 잃지 않으려면 말이다. 두려운 상황에도 불구하고 전체를 보고 신중히 행동할 수 있어야 한다. 우리에게는 두려움, 분노, 비관주의가 아닌 용기, 냉정함, 계산적 낙관주의가 필요하다. 우리 앞에 놓여 있는 문제들이 복잡하고 어려울 수 있지만 기본적으로 우리 사회는 기후위기의 원인을 알고 이제 무엇을 해야 하는지도 잘 알고 있기 때문이다.

기후 불안

현재 15~25세 사이의 사람들은 살아가는 동안 이미 40세 이상인 사람들보다 기후변화의 영향을 분명 더 강하게 받게 될 것이다. 동시에 이들은 현재 이루어지고 있는 정치적 결정들에 거의 아무런 영향력도 행사할 수 없다. 위협에 노출되었음을 느낌에도 동시에 할 수 있는 일이 적다고 느낄 때 우리 젊은이들은 쉽게 기후 불안증에 걸릴 수 있다. 최근 세계 10개국에서 10,000명의 참가자들을 대상으로 한 연구에서도 볼 수 있듯이 [89] 기후변화와 관련해 발생하는 걱정과 불안을 비롯한 다른 부정적인 감정들이 전 세계 젊은이들 사이에서 점점 뚜렷해지고 있다. 기후 불안Climate Anxiety은 이제 세계적인 현상이다.

진화론적으로 볼 때 두려움과 분노 같은 부정적인 감정들은 시야를 좁히고 행동할 수 있는 선택지들을 재빨리 제시하므로 단순 위협에 적절히 반응하게 한다. 하지만 복잡한 문제들을 해결해야 할 때 이것은 단지 부분적으로만 효과가 있다. 복잡한 문제들을 해결하는 데 필요한 넓고 길게 보는 시각, 혁신적인 사고 능력, 창의성은 계산적 낙관주의 같은 긍정적인 감정들에서 나온다.

난 다 알고 있다

넌 아무것도 몰라, 존 스노우.

이그리트, 드라마 〈왕좌의 게임〉 속 인물

〈왕좌의 게임〉은 스트리밍 드라마 시리즈 중에서 지난 10년을 통틀어 가장 큰 성공을 거둔 작품일 것이다. 그리고 〈왕좌의 게임〉은 기후변화와 정치권의 대처에 대한 암시들로 가득한 드라마기도 하다. 겨울로 표현되는 기후변화가 서사를 이루는 주요소 중의 하나이고 이 겨울은 어둡고도 위협적으로 표현된다. 현실에서처럼 극단적인 날씨, 물에 가라앉은 도시 혹은 생태계 파괴가 아니라 죽지 않는 좀비가 나타나는 위협이기는 하지만 말이다. 아무래도 생태계·기후 붕괴보다는 좀비 이야기가 대중의 반응을 끌어내기에는 더 좋을 것이다. 구체적인 악당과 싸우는 이야기가 추상적인 위협과 싸우는 이야기보다 낫다. 허구 속 지배자들은 권력을 위해 서로 싸우고 전쟁하느라 바빠서 위협에 무지와 수동적으로 대처한다. 기후 위기에 대처하는 현실 정부들의 행태와 닮았음은 더 말할 것도 없다. 이런 배경 아래, 버림받았지만 어쨌든 귀족 가문에 입양되었던 불쌍한 우리의 주인공 존 스노우는 계속해서 "넌 아무것도 모른다"는 비난을 받는다. 그런데 아무것도 몰랐다고 해도 결국은 그럭저럭 역량을 쌓아나간다(그가 가진 다른 미덕들 덕분이다).

무지, 심지어 우둔함도 아무것도 하지 않거나 잘못한 것의 훌륭한 변명이 될 수 있다. 심지어 법도 인정했다. 십수 년 전 이야기지만 오스트리아에서는 권력 남용으로 법정에 선 고위 정치인이 결국 무죄로 풀려난 판례가 있다. 법정이 제시한 이유는 그 정치인이 자신의 행동이 형법상 야기할 결과를 제대로 알고 있었는지가 의심스럽다는 것이었다.[90] 나는 그 정치인이 소송이 기각된 것에 기뻐했으리라 생각하지만, 그를 우둔하다고 규정한 기각 이유에 대해서는 기뻐하지 않았으리라 추측한다.

기후변화에 대한 고위 정치인들의 지식 상태가 얼마나 좋은지는 내가 판단할 문제는 아닌 것 같다. 하지만 공개 성명들을 들어보면 기후변화에 대한 이들의 지식이 얼마나 부족한지를 저절로 알게 된다. 의회 정당에서 오랫동안 환경 대변인으로 일해온 어느 정치인은 2020년 비행飛行과 기후변화 관련

TV 토론에서 그린피스 대변인이 수증기가 온실가스임을 깨우쳐주자 적잖이 놀랐다. 그는 그린피스 대변인을 조소하다 못해 분개함을 감추지 못한 채 "수증기가 지구 온난화를 부른다고요? 말도 안 되는 주장입니다!"[91]라고 했다. 나도 그의 무지에 분개했다. 수년 동안 의회 정당의 환경 대변인으로 일해 온 사람치고 전문 지식이 너무나도 부족했다.

과학적인 사실에 관해서라면 모르거나 반만 알고 있는 사람들이 많다. 이것은 코로나 팬데믹 때도 이미 극적으로 드러난 바 있다. 기후변화와 관련해 자연과학적 사실들에 대해서도 대중들이 오해하고 있는 점들이 적지 않다. 수증기가 실제로 지구 온난화에 일조하는 온실가스임을 아는 사람도 사실 그리 많지 않다. 2020년 조사에 따르면 약 15퍼센트만이 이 사실을 알고 있었다.[92] 게다가 60퍼센트의 사람이 오존에 난 구멍을 기후변화의 주된 원인으로 보고 있다. 오존층이 약해질 때 온난화가 가속화되는 것은 사실이지만 기후변화의 주된 원인은 이산화탄소와 메탄가스 같은 온실가스다. 기후변화 문제와 씨름하는 일반인은 그다지 많지 않으므로 일반인들의 정신 모델 속의 그림은 대체로 이렇다. '저기 위 오존층에 구멍이 났고 그 구멍을 통해 열기가 들어온다.' 그리고 어쨌든 오존 구멍이 탄소 배출과 관계가 있다고 학교에서 배웠고 이것으로 기후변화를 다 이해했다고 생각한다. 프레온가스와 온실가스, 그 말이 그 말 같아서 오해가 생긴 측면도 있다. 프레온가스는 압축가스로 스프레이 형식으로 분사된다. 불화염화탄산FCKW 기반의 프레온가스는 환경과 오존에 매우 치명적이어서 현재는 대부분 국가에서 사용이 금지되었다. 기후변화에 대해 자세히 공부하지 않는다면 프레온가스와 온실가스를 둘 다 똑같이 위험한 것으로 혼동할 수 있다. 게다가 불화염화탄산은 프레온가스만이 아니라 온실가스에도 들어가 있다.[93] 서로 다른 두 가스가 오존 구멍·기후변화와 연결된 탓에 매우 헷갈리게 되어버렸다.

일반인이 수증기에 대해 오해하는 것은 이해할 만하다. 우리 모두 수증기를 부엌이나 욕실에서 흔히 볼 수 있는 무해한 것으로 알고 있고, 단지 물이 기화한 것이니까 말이다. 물이 유해한 온실가스라니 직관적으로 이해가 가지 않는다. 하지만 수증기는 자연적인 온실효과(이것에 대해서도 40퍼센트 사람들이 모르고 있다[94])를 일으키는 주요 온실가스가 맞다. 10킬로미터 높은 상공에서 비행기가 만들어내는 항적운도 기후를 파괴한다.

쉬운 주제에 관해서도 일반인들은 적잖은 지식 부족을 보여준다. 브라질, 중국, 덴마크, 인도, 폴란드, 남아프리카, 영국 같은 다양한 나라의 국민들 사이에는 공통점이 있다. 이를 닦을 때 물을 절약하는 것이 새로운 소비재나 고기를 포기하는 것보다 환경에 더 좋다고 믿는다는 점에서 말이다.[95]

　무지 자체는 나쁜 것이 아니다. 모든 걸 다 알 수는 없고 다 알 필요도 없으며 누구나 어느 분야에서는 지식이 부족할 수밖에 없다. 소크라테스는 우리가 아무것도 모르고 있음을 혹은 많은 것을 모르고 있음을 인정하라고 했다. 하지만 안타깝게도 우리는 자주 아무것도 모르고 있음을 혹은 많은 것을 모르고 있음을 모르고, 그 결과 자기 지식을 과대평가한다.

사람들에게 기후변화 지식에 대해 질문할 때 조사자들은 응답자가 자신의 대답에 어느 정도 확신하는지도 묻는다. 오존 구멍과 수증기에 관해서 참여자 60퍼센트 이상이 잘못된 대답을 했다. 하지만 놀랍게도 이들 중 거의 80퍼센트가 자신의 대답이 옳다고 확신했다. 자기 지식에 대한 이런 과신은 사실 흔하고 기후변화뿐[96] 아니라 다른 주제들[97]에서도 그러함이 많은 연구에서 증명되었다. 이런 과신은 특히 어떤 주제에 관해 기본 지식은 어느 정도 갖고 있지만 그 복잡한 내용에 대해서는 아직 모를 때 주로 일어난다. 이른바 더닝-크루거 효과Dunning-Kruger-Effect[98]는 자기 평가와 실제 역량이 서로 비례 관계에 있지만 자신의 지식 혹은 역량을 과대평가하는 경향도 있음을 말해준다.[99] 역량 실험에서 평균 이하의 성적을 낸 사람도 자신이 평균이거나 심지어 평균 이상이라고 추측하는 경향을 보인다. 이것은 운전에서 특히 두드러지는데 우리 90퍼센트가 자신이 평균 이상으로 운전을 잘한다고 생각한다. 이런 인지 편향을 상대적 낙관론Comparative Optimism이라고 한다.[100]

그렇다면 성적이 좋은 사람의 자기 평가는 적절할 수 있을 것 같지만 이들도 인지 편향을 보이기는 마찬가지다. 이들은 다른 사람들 대부분도 대개 자신과 비슷한 역량을 가질 거라고 가정한다. 다른 사람의 역량을 과대평가하는 것이다(이것을 허위 합의 효과False Consunus Effect라고 한다).

그러므로 문제는 무지와 무능력이 아니다. 무지와 무능력은 비현실적인 자기 과대평가와 만날 때만 그 파괴적인 잠재력을 드러낸다. 우리는 자기 과대평가로 무능력을 무마할 때 무언가에 대해 잘 알지 못해 확신이 없을 때보다 말이 안 되는 짓을 더 많이 한다. 자신의 지식과 능력을 믿을 때 자신이 옳다고 생각하는 일을 주저 없이 하게 된다. 그 일이 단지 자신의 지식을 세상에 대고 말하는 것 혹은 페이스북에 올리는 것뿐이라도 말이다.

기후변화는 없다고 확신하는 사람과 토론해야 할 때면 나는 자칭 회의론자들이 자신의 얼치기 논리와 학식을 얼마나 확신하며 말하는지 보고 한 번 놀라고, 사실 확인에 얼마나 절대적으로 둔감한지를 보고 한 번 더 놀란다. 예를 들어 온라인 토론에서 어떤 기후변화 부정자가 기후 학자 절반이 지구 온난화가 인간에 의한 것이 아닐지도 모른다고 의심하고 있다고 했다. 그 후 토론은 대충 이렇게 진행되었다.

- **나** "지구 온난화가 인간에 의한 것이라는 합의가 없다"라는 말씀이신 것 같은데 그렇다면 독일에서 그런 합의를 거부하는 기후 물리학자 50명의 이름을 대실 수 있습니까?
- **그** 한 명은 댈 수 있지만 그럼 선생님께서 그 사람은 기후 학자가 아니라고 하실 겁니다. (그 사람은 기후변화 부정자로 유명

한, 은퇴한 지리학자였다)

- **나** 그분은 은퇴하신 지리학자가 아닙니까? 심지어 이 분야 전문가도 아니시군요.
- **그** (그의 말을 그대로 옮겨본다) 기후 연구에서 드러나는 명백한 모순을 알아차리고 밝혀내는 데 꼭 기후 연구 전문가일 필요는 없습니다!
- **나** 그런 논리대로라면 어디가 아프시더라도 의사가 아닌 사람에게 진찰받으셔도 괜찮겠네요. 그리고 운전면허가 없는 사람이 모는 버스에도 타시고 비행기 조종 면허가 없는 사람이 운전하는 비행기에도 오르시겠네요?

이런 토론이라면 공멸은 자명하다. 나는 의심스러운 주장을 펼치는 그 기후변화 부정자의 생각을 바꿀 수 있을 거라고는 기대조차 하지 않았다. 우리의 세계관과 생각은 사실 관계보다 강력하다(〈변명 6〉 참조). 하지만 나는 기후변화 부정자의 이런 터무니없는 주장들을 무시하지 않는 것이 중요하다고 생각한다. 특히 이런 주장들이 공공연하게 말해지고 있을 때 그렇다.(방금 든 예는 '공공연하게' 말해졌다고는 할 수 없고 단지 내가 주도하는 인터넷 세미나 댓글에서 이루어진 논쟁이다) 반박되지 않을 때 이들이 확신하며 하는 말이 문외한들에게는 그럴듯하게 들려서 그 말을 믿을 수 있기 때문이다. 자신만의 세계에 살고 있는 사람들은 대체로 어쩔 수 없다. 이들과의 토론은 사실 이들이 너무 많은 폐해를 일으키지 않게 하기 위함이다.

그런데 기후친화적인 행동에 관해서라면 사실 정확한 지식이 가장 중요한 변수는 아니다. 기후변화에 대해 더 많이 아는 사람이라고 해서 더 기후친화적으로 행동하는 것은 아니다. 기후친화적인 행동에 대한 의지는 사실 실무 지식이 나은 것과 관련 있다. 기후친화적 행동이 무엇인지 정확하게 알 때 그런 행동을 할 가능성이 더 커진다는 말이다. 반대로 자연과학적 역학에 대한 지식은 이렇다 할 큰 역할을 하지 못한다. 사실 기후친화성에 큰 영향을 주는 것은 각자가 갖는 고유의 관점과 가치다.[101] 그렇다고 지식이 완전히 불필요하다는 말은 아니다. 정보의 질이 더 좋은 사람일수록 원대한 기후변화 예방 조치를 더 잘 따른다.[102] 지식은 게으른 변명도 통하지 않게 한다. 예를 들어 마일리지로 공짜 비행기를 타면서 더 이상 비행이 얼마나 기후파괴적인지 몰랐다고 말할 수는 없을 테니까 말이다. 그리고 기후 문제에 대해 그다지 아는 게 없는 사람들이 "다 괜찮아. 오존 구멍을 지금 열심히 메우고 있거든." 하고 자신해도 안전하다고 착각하지는 않을 것이다.

그러므로 기후변화에 대한 지식을 우리 사회에 폭넓게 알릴 필요는 분명히 있다. 그리고 기후변화를 설명하는 물리학적인 기초 지식이 생각만큼 그렇게 복잡하지도 않다.

똑똑하고 능력 있고 부지런하고

행동경제학에는 자기 고양적 편향Self-serving Biases이라는 일련의 현상들이 있다. 이것은 사건과 결과들을 자신만의 긍정적인 자아상에 맞게 해석하는 인지 편향을 뜻한다. 예를 들어 무슨 일에 성공했을 때 그 덕을 기본적으로 자신의 열정과 지성에게 돌린다. 실패했다면 다른 사람이나 외부적인 불운에 그 책임을 묻는다. 많은 사람이 이렇지만 물론 모두가 이런 것은 아니다. 자기 평가에 인색한 사람은 그 반대다. 어쨌든 당신이 스스로를 똑똑한 사람으로 본다고 해서 반드시 당신이 똑똑한 것은 아니란 뜻이다.

우리는 자신이 필요한 만큼 기후친화적이지는 않음을 분명히 인정하면서도 다른 사람에 비해서는 기후를 잘 의식하고 있다고 생각한다.[103] 이런 긍정적인 착각은 긍정적인 자아상을 유지하는 데 좋고, 우리를 편안하게 해준다.[104] 그러나 객관적으로 부족함에도 자신의 역량을 과대평가하는 것은 때로 근거 없는 자신감에 차 있다는 뜻이기도 하다.

사후 확신 편향Hindsight Bias[105]이란 어떤 일이 그렇게 될 것을 미리 알았던 것처럼 나중에 믿게 되는 현상을 뜻한다. 언젠가 기후 위기의 심각한 결과를 목격하게 될 때 우리는 대개 그런 일이 일어날 것을 사전에 알았다고 생각할 것이다. 그런데 유감스럽게도 아무도 우리(당신과 나의) 말을 듣지 않았던 것이다.

문제가
너무 복잡해

문제가 너무 복잡해!

소셜 미디어 프로필에서 싱글 혹은
커플임을 밝히기 위해(혹은 밝히기 싫어서) 종종 쓰는 말

"다음 주 날씨 예보도 못 맞추는데, 기후변화를 어떻게 예측해? 이건 우리 인간에게는 너무 복잡한 문제라고!"

이것은 과학자가 아닌 일반인과의 토론에서 자주 듣게 되는 논리다. 우리는 기후변화에 대해 제대로 알 수 없고 그래서 탄소 배출을 막는 것이 과연 효과가 있을지도 알 수 없다는 것이 이 주장이다.

"그러니까 언젠가 제대로 알게 될 때까지 계속 살던 대로 살자."

복잡한 관계를 잘 모르니 기후파괴적인 행동을 계속해도 된다? 이 얼마나 편리한 변명인가?

"문제가 너무 복잡하니 어차피 우리는 아무것도 할 수 없다"라는 변명은 최소한 인간이 복잡한 관계를 잘 이해하지 못한다는 사실은 인정한다. 정신 모델은 심한 단순화와 성급한 일반화에 의존하므로 우리는 이해하기 어려운 개념을 가볍게 접근 가능한 개념으로 대체해버리곤 한다. 날씨를 기후와 같은 것으로 취급하는 것도 자주 일어나는, 이른바 속성 대체 Attribute Substitution에 해당한다. 그러므로 날씨를 정확히 예측하지 못하는 전문가는 기후에 대해서도 무지한 것이 된다. 내 고향에서는 지난 겨울이 매년 그랬듯 매우 추웠기 때문에 기후 변화는 없는 것으로 간주되었다. 여기서도 쉽게 접근할 수 없는 개념인 기후가 아주 구체적인 날씨 개념으로 대체됐다.

하지만 날씨와 기후는 서로 다른 것이고, 따라서 예측하는 기술도 서로 다르다. 기후학자는 내년 여름 독일 평균 기온을 비교적 정확하게 예측할 수 있지만, 기상학자는 두 달 후의 뮌헨 날씨를 정확하게 예측할 수 없다. 하지만 어느 날 뮌헨의 기온이 12도나 올라 날이 뜨거울지 3도만 올라 따뜻할지는 그렇게 중요한 문제가 아니다. 지구 온도가 3도 상승하는 것이야말로 큰 변화를 부를 테니 중요한 문제다.

복합성 연구가가 그렇듯 기후 연구가도 복합적인 체계를 이해하는 데 도움을 주는 적절한 방법과 도구들을 갖고 있다. 문제에 직관적으로 접근하고, 이런 방법과 도구들을 갖지 못하는 일반인이 복합적인 관계들을 이해하기란 매우 어렵다.

우리 대부분은 심지어 복잡한 것과 복합적인 것이 어떻게 다른지도 모른다. 직관적으로 둘이 비슷하지 않을까 생각할 뿐이다. 하지만 그렇지 않다. '복잡하다'란 어렵지만 집중해서 연구할 때 이해할 수 있음을 뜻한다. 반면 '복합적이다'란 체계상의 특징으로, 그 체계가 어떻게 흘러갈지 예측하기가 매우 어렵다는 뜻이다. 복합 체계는 이른바 창발이라는 특징을 갖는다. 창발은 전체가 그 전체를 구성하는 것들의 합 그 이상을 보여주는 현상이다. 그래서 그 안의 요소 하나하나에서는 볼 수 없는 뜻밖인 것을 보여주기도 한다. 고속도로만 봐도 딱히 납득할 만한 이유가 없는데도 이른바 유령 체증이 일어날 수 있다. 2021년 3월에 수에즈 운하에서 선박사고가 있었는데 그것이 불러온 여파도 비슷한 경우다. 수에즈 운하는 사고로 엿새 동안 통행이 마비되었고 그 결과 국제적이고 대대적인 물류 혼란이 있었다. 하지만 그 일로 8개월 후인 2021년 11월에도 독일의 자재상들과 할인마트들이 여전히 배달 문제를 겪은 이유는 설명하기 어렵다.[106] 뇌, 기후, 생태계만이 아니라 인간이 만든 물류 체계, 사회관계망, 도시 구조 같은 시스템도 하나의 복합 체계인 셈이다.

복합 체계의 특징들은 빠른 파악이 어렵다. 변수들 사이에 수많은 피드백이 있어서 상호 영향을 주고, 변수들이 그야말로 수많은 또 다른 변수들을 일으킬 수 있기 때문이다. 기후 체계와 관련해 비교적 간단한 예를 하나 들어보자. 지구 온난화로 바다와 하천의 물이 따듯해지고 이것은 더 많은 수증기를 유발한다. 수증기는 온실가스이므로 이것이 다시 지구 온난화를 가속한다. 지구 온난화가 수증기를 늘리고 수증기가 또 지구 온난화를 일으킨다. 일종의 시스템 증폭 현상으로 이것을 이른바 양성 피드백이라고 한다. 이와 동시에 물의 기화는 구름 형성도 증가시키는데, 구름이 증가할 때 온도가 내려간다. 수증기 증가는 더 많은 구름을 부르고 더 많은 구름이 지구를 식혀준다. 이것은 일종의 조절 현상이므로 우리는 이것을 음성 피드백이라고 한다. 복합 체계가 오차 허용치를 가지며 자체 조절을 할 수 있는 것은 이런 음성 피드백 덕분이다. 양성 피드백이 변화를 촉진한다면 음성 피드백은 안정을 부른다. 이런 양성 피드백과 음성 피드백이 함께 지구 기후 체계를 구성하고 있는 것이다. 기후학자들은 이런 관계들을 알아내고 측정해야 하고, 실제로도 그런 일을 하고 있다. 당연히 일반인이 그 관계들을 다 볼 수는 없다. 기후와 달리 날씨는 매일 인지할 수 있으므로 일반인에게는 날씨가 훨씬 더 쉽게 느껴진다. 비와 태양은 볼 수 있고 느낄 수 있지만 기후 체계의 복합적 관계들은 그렇지 못하다.

복합 체계를 이해하는 데 측정값 하나는 그다지 큰 도움이 되지 못한다. 어느 지역 어느 날 날씨로 기후 체계를 판단할

카피바라는 자신들의 소비 활동이 왜 자꾸 호우를 부르는지 여전히 이해할 수 없다.

수는 없다. 또 복합 체계에는 수많은 피드백이 관계하므로 원
인이 결과로 이어지는 데 시간이 오래 걸린다. 예를 들어 오
늘 온실가스 배출을 전면 중단한다고 해도 내일 모든 문제가
사라지지는 않는다. 기후 체계는 변화에 천천히 반응한다. 따
라서 해수면은 향후 100년 동안 계속 올라갈 것이다.[107] 현재
경제 체계 안에서 탈탄소 조치를 취한다고 해도 자신보다 손
주 이후 세대들이 그 결과를 더 강하게 느끼게 될 것이다(탈탄
소 조치를 취하지 않으면 당연히 그 여파는 더욱더 강하게 느끼게 될 것
이다). 우리 뇌는 단기간을 내다보는 데 더 익숙하기 때문에 이
런 장기적인 전망에는 부담을 느낄 수밖에 없다.

그리고 복합 체계는 단순 체계와 달리 역행 기능이 없다. 일단 일어난 개입은 되돌릴 수 없다는 뜻이다. 파티 후 어질러진 집은 쓸고 닦기만 하면 다시 깨끗하게 정돈된 상태로 돌아갈 수 있지만 기후 체계에서는 불가능하다. 언젠가 기술의 발달로 공기 중의 탄소를 쉽게 걸러낼 수 있다고 해도 예전의 상태로 돌아가지는 못할 것이다. 이미 벌어진 피해는 되돌릴 수 없다. 게다가 많은 복합 체계가 그렇듯, 기후 체계에도 이른바 티핑 포인트Tipping Point가 있다. 이 지점에 도달하면 변화가 갑자기 급속도로 일어난다. 학자들은 영구 동토층이 녹으면 티핑 포인트에 도달할 것으로 보고 있다. 영구 동토층이 녹으면 기후에 치명적인, 엄청난 양의 메탄가스가 공기 중으로 퍼져나갈 것이고 그럼 지구 온도가 다시 한번 크게 올라갈 것이기 때문이다. 하지만 티핑 포인트에 도달할 때 어떤 일이 벌어질지는 단지 추측만 할 수 있다. 전혀 예상치 못한 일도 충분히 일어날 수 있다.

발전은 오랜 시간 일정한 속도로 가는 것 같다가 어느 순간 동시다발적이고 급속도로 이루어진다. 코로나 팬데믹으로 우리는 이런 종류의 발전 양상을 어느 정도 경험할 수 있었다. 의사 결정권자들은 감염자 수가 기하급수적으로 늘 때마다 처음 있는 일인 양 허둥대곤 했지만 말이다. 팬데믹 대처 및 관리가 실패할 때마다 우리는 유례없던 급격한 발전 양상이라는 변명을 들어야 했다.

디트리히 되르너Dietrich Dörner는 실패 논리 연구에 매진했던 심리학자다.[108] 《실패의 논리Die Logik des Misslingens》라는 제목으로 출간된 그의 책은 이해하기 쉬운 기록집으로, 복합 체계에 대처하는 데 실패한 이야기들을 담고 있다. 우리는 자주 우리가 내리는 결정의 한쪽만 보고 그 부작용과 장기적인 결과는 보지 못한다. 그리고 상황 분석 없이 성급하게 행동하는 경우도 많다. 복합 체계에서는 많은 문제를 동시에 해결해야 할 때가 많은데, 우리는 생각과 행동을 선형적으로 해서 보통 문제를 하나씩 풀어가려 한다. 우리는 기본적으로 바로 눈앞의 문제에 집중하려 한다. 하지만 당장 닥친 문제보다는 점점 다가오고 있어 이미 암묵적으로 인지되고 있는 큰 문제들이 더 중요할 수도 있다. 이것은 우리가 복구 원칙에 따라 행동하기를 좋아한다는 점과도 일맥상통한다. 앞으로의 피해를 막기보다 이미 일어난 피해를 복구하기를 선호한다. 안타깝게도 예비 조치보다 후속 조치를 더 좋아하는 것이다. 그래서 화재 보험을 들자고 하는 사람은 분위기를 깨는 사람이고, 불을 끄는 소방관은 영웅이다. 소 잃고 외양간 고치기 격으로 나중에서야 예비 조치를 철저히 해야겠다 생각하는 것이다.[109]

여기에 일련의 다른 인지 편향도 더해진다. 피드백 효과에 대한 무지, 틀에 박힌 사고 같은 것들 말이다. 우리는 자신의 경험과 지식에 따라 생각하는 경향이 강하다. 조금 과장하면 경제학자는 모든 문제가 시장 메커니즘의 실패 때문이라고 보고, 교육 연구가는 모든 악의 근원이 교육 개혁의 실패라고 본다. 둘 다 전체 그림을 보지는 못한다. 전체 그림을 보려면 체계 분석과 모든 결정에 대한 정확한 모니터링이 꼭 필요하다. 그러나 대체로 이 과정을 건너뛰고 결정하고 행동하기 바쁘다. 그리고 항상 하던 일이라서 잘 아는 일을 한다. 하지만 갖고 있는 도구가 망치뿐일 때는 모든 것이 못으로만 보이기 마련이다.[110]

이미 30년 전 책이지만 디트리히 되르너의 이 책을 읽다보면 어쩔 수 없이 팬데믹이나 기후변화를 대하는 방식에 대해 생각하지 않을 수 없다. 책임자로서 여파가 큰 결정들을 내려야 하는 사람들이 《실패의 논리》를 의무적으로 읽기를 바란다. 그럼 문제가 너무 복잡해서 그 누구도 자기보다 더 잘할 수는 없었을 거라는 변명은 더 이상 할 수 없을 것이다. 되르너에 따르면 자기 보호도 복합 체계를 다루는 하나의 전략이 될 수 있다. 문제를 해결하지 않았다는 비난을 피하려고 되는 대로 뭐든 하는 것도 이런 자기 보호 전략 중 하나다. 이것은 기후변화를 둘러싸고 애용되는 전략 중 하나로 보인다. 이런 전략이라도 써야 복합 체계를 다루는 데 실패했을 때 긍정적인 자아상만큼은 유지할 수 있으니까 말이다.

과학은 신뢰할 만한가?

다행히도 모두가 매일 복합 체계를 다뤄야 하고 어려운 결정을 내려야 하는 것은 아니다. 이것은 기본적으로 학자들의 일이어야 하고 기업의 간부들과 정치적 결정권자들의 일이기도 하다. 후자의 경우 잘했는지 못했는지 선거에서 평가된다.

정치인들에 대한 신뢰도는 정기적으로 조사되고 있다. 때로는 그 폭이 크고 소속 정당과 당사자가 가진 개인적인 매력에 따라 달라지기도 한다. 하지만 과학자나 학자는 대개 대중에게 드러나지 않으므로 이 해양학자, 저 사학자의 신뢰도를 조사하는 일은 거의 의미가 없다. 하지만 환경·기후 '과학자'를 전체적으로 얼마나 신뢰할 수 있는가에 대한 대규모 설문조사가 실시될 때는 있다. 최근에도 세계경제포럼에서 국제적인 조사가 실시됐다.[111] 사람들은 환경 문제에 있어 과학자들의 결정을 얼마나 신뢰하는지에 대한 답변으로 "완전히 신뢰한다"에서 시작해 "전혀 신뢰하지 않는다"로 끝나는 다섯 단계 중 하나를 선택할 수 있었다.

그 결과가 매우 감격적이지는 않았다. 서유럽에서는 겨우 절반 정도가 완전히 신뢰한다고 했다. 3분의 1은 "신뢰한다" 쪽이었지만, 13퍼센트라는 비교적 큰 수치가 아주 조금 혹은 "전혀 신뢰하지 않는다"고 했다. 북미에서는 불신이 더 강해서 상황은 더 나빠보였다. 동유럽과 러시아에서는 심지어 20퍼센트가 넘는 사람이 "아주 조금 신뢰한다" 혹은 "전혀 신뢰하지 않는다"고 했고, 40퍼센트가 신뢰하는 쪽이었다.

이런 설문조사는 철저하지 못한 부분이 있어서 당연히 완전히 신뢰할 수는 없다. 대개 참여자가 대답을 내놓을 때 그 동기와 이유까지 고려되지는 않는다. 예를 들어 과학자에 회의적인 사람이 구체적으로 '과학자'를 어떻게 정의하는지는 알 수 없다. 과학자라는 말에 그 사람이 기후학자를 생각할지 유전자 조작 전문 학자를 생각할지 아니면 심지어 의인화된 닭, 자이로 기어루스Gyro Gearloose(월트 디즈니사가 창조한 닭의 모습을 한 발명가-옮긴이)를 떠올릴지 알 수 없는 노릇이다. 짧은 시간에 이루어지는 이런 설문조사는 설문 대상자가 갖고 있는 정신적 모델과 그 순간 연상하는 것이 대답에 영향을 주게 되어 있다.

그런데도 비교적 많은 사람이 과학에 회의적이라고 나온 결과는 문제가 있어 보인다. 과학적 지식이 부족해서든 혹은 그냥 과학자를 신뢰하지 않아서든 과학을 수상쩍게 보는 것은 당연히 기후친화적으로 행동하지 않는 것에 대한 또 다른 변명이 될 수 있다. "기후 문제는 너무 복잡해서 사실 똑똑한 과학자들도 하나도 몰라. 그 사람들은 일단 날씨 예측부터 제대로 해야 할 거야"라고 말하면서 말이다.

이런 말을 들으면 사실 할 말이 없다. 이 말은 모든 환경·기후파괴적인 행위를 정당화하고, 이렇게 말하는 사람에게는 아무리 사실 관계를 따져봐야 아무 소용이 없는 것이다. 하지만 좋은 소식도 있다. 공공연히 과학 회의론자라고 말하는 사람은 예전이나 지금이나 소수다. 대다수는 보통 '우리는 복합 체계에 대해서 잘 모를 수도 있고 때로 과학을 불신하기도 하지. 하지만 우리는 과학을 완전히 부정하지도 않고, 선한 의도를 가진 선한 사람들이야.' 하고 생각한다.

그리고 결국 중요한 것은 선한 의도가 아닌가?

복합 체계의 특성과
우리가 복합 체계를 다루는 법

기후·생태계·경제 체계·뇌·사회관계망 같은 복합 체계는 우리 인간이 직관적으로 이해하기 어려운, 다음과 같은 다양한 특성들을 가진다.

- 측정값 하나하나는 쓸모없고 그 자체로는 전체 체계에 대해 아무것도 말해주지 않는다.
- 일련의 피드백과 상호작용이 있을 뿐 직선상의 인과 관계가 없다.
- 시간적 지체가 발생해서 결과가 금방 드러나지 않는다.
- 어느 정도 오차 허용치를 갖고 자기 조절 능력이 있다.
- 변화가 가속되거나 반전되는 한계치와 티핑 포인트가 있다.
- 체계에 약간의 영향을 주는 변수들이 있고 강한 영향을 주는 결정적인 변수들도 있다.
- 간섭 결과를 되돌릴 수는 없다.

디트리히 되르너는 그의 책 《실패의 논리》에서 우리 인간이 복합 체계를 다루는 데 있어 자주 실패할 수밖에 없는 심리적 메커니즘을 밝혔다. 하지만 좋은 소식은 복합 체계 다루는 법은 배울 수 있고, 복합 체계의 이해를 돕는 도구와 방법들이 있다는 것이다.

좋은 의도에서 한 행동이다

지옥으로 가는 길은 인간의 선의善意로 포장되어 있다.

새뮤얼 존슨 Samuel Johnson, 시인

좋은 의도가 나쁜 결과로 이어지기도 한다. 이것은 누구나 아는 사실이다. 재치가 돋보이는 위의 인용구는 새뮤얼 존슨이 18세기에 한 말이다. 후대의 시인 T. S. 엘리엇은 심지어 더 신랄하게 "이 세상 악의 대부분은 선의를 가진 사람들이 저질렀다"라고 했다.

사실 기후변화에 대한 우리의 선의도 문제가 되지는 않을까? 우리가 좋은 의도에서 하는 행동이 꼭 기후친화적인 라이프스타일로 이어지지는 않으니까 말이다. 우리는 "의도가 중요하다" 혹은 "의지가 있으면 길은 보이기 마련이다"라고 항변할 수 있다. 그리고 나는 이런 항변을 받으면 무기력해진다. 이런 항변을 하는 사람은 "좋은 의도였다"라는 변명을 아주 잘 써먹을 수 있을 듯하다.

경제학에서는 이른바 코브라 효과[112]라는 게 있다. 이것은 의도와 결과 사이에 크나큰 차이가 있음을 보여주는 개념이다. 코브라 효과라는 말 자체는 확인된 적 없는 한 역사적 사건에서 나왔다. 영국 식민지 시대 인도에서 코브라로 인한 전염병이 발생했다. 영국인들 관점에서 그것은 자신들이 추구하는 안락함과는 거리가 먼 일이었다. 온화한 바닷가 기후에 익숙한 섬나라 사람들에게 독사는 습기 가득한 더위만큼이나 지나치게 이국적이었기에 영국인들은 식민지를 '영국스럽게' 만들고자 했다. 영국스러움에 코브라 전염병은 당연히 어울리지 않았다. 영국인들은 영국에서처럼 사냥하고자 호주에 여우와 토끼를 데리고 간 전적도 있었다. 호주 생태계에 이것은 결국 다른 수많은 종의 멸종과 개체수 감소라는 파괴적인 결과를 불러왔다.[113] 어쨌든 인도의 영국인들은 코브라를 없애기로 했다. 당시 총독은 코브라 대가리 하나를 가져오면 그만큼 돈을 주는 것으로 개체 수를 줄이기로 했다. 그 효과는 좋았다. 인도인들은 코브라를 잡는 데 열심이었고 코브라의 머리를 점점 더 많이 갖고 왔다. 그런데 코브라 머리 값이 꽤 쏠쏠하고 안정적인 수입원이 되자 사람들은 코브라를 사육하기 시작했다. 결과적으로 코브라의 수는 당연히 줄어들지 않았다. 영국 총독도 이것을 깨닫고 장려금 지급을 중단했다. 그러자 코브라 사육사들은 가치가 없어진 뱀들을 어떻게 하나를 두고 고민했다. 상황이 그렇게 된 마당에 더 이상 코브라를 죽일 필요는 없어 보였다. 게다가 '코브라 장려금' 탓에 이미 시장 논리란 게 생겨버렸다. 일정 금액만큼 가치가 있던 행위를 왜 무료로 하겠는가? 따라서 혹은 또 다른 이유에서 코브라는 모두 방생되었다. 영국 식민 정부의 값비싼 조치 덕분에 코브라 수는 결국 더 많아져 버렸다. 의도와 결과 사이에 거대한 구멍이 생긴 것이다(물론 코브라 학살 사건에 '좋은 의도'라는 말은 어울리지 않지만).

참고로 베트남 하노이에서도 쥐 전염병 예방 차원에서 발생한 비슷한 재난이 있었다. 여기서는 쥐의 꼬리를 갖고 가서 자신이 쥐를 잡았음을 증명해야 했는데 시간이 지나면서 길거리에 꼬리 없는 쥐들이 급증했다. 사람들이 꼬리만 자르고 쥐를 풀어준 것이다. 그래야 다시 쥐가 새끼를 낳고, 사람들은 돈벌이를 계속할 수 있으니까 말이다. 쥐의 수를 줄이겠다는 목표는 그렇게 당연히 무산되었다. 이 이야기는 코브라 이야기와 달리 실제로 있었던 일이지만 우리는 코브라 효과라는 말을 쓴다. 솔직히 쥐 효과보다는 코브라 효과가 듣기에는 더 좋다.

물론 정치적인 결정이 의도와 정반대의 효과를 내는 상황이 과거에만 있었던 것은 아니다. 예를 들어 차량의 탄소 배출을 줄이기 위한 조치로 바이오 연료가 장려되었는데 그 결과 팜유에 대한 수요가 커졌다. 그리고 팜유 플랜테이션을 늘리기 위해 열대 우림이 과도하게 개간되었다.[114] 이렇게 선의의 조치가 기후와 환경에 나쁜 것으로 판명이 났다.

북아일랜드에서 있었던 이른바 캐시 포 애시 스캔들Cash-for-Ash-Scandal(재를 주고 돈을 받았던 스캔들)도 비슷한 경우다.[115] 북아일랜드 정부는 바이오 연료를 이용하는 새로운 난방 시설로 바꾸는 집주인들에게 장려금을 주기로 했다. 그런데 허술하기 그지없는 정책이었던지라 금방 장려금이 바이오 연료 가격보다 훨씬 많아졌다. 바이오 연료를 더 많이 사서 태울수록 장려금이 더 많이 들어오는 구조였던 것이다. 그리고 사람들은 정확히 그것을 이용했고, 심지어 한겨울에 창문을 열어 놓고 비싼 바이오 연료를 태우는 지경에까지 이르렀다. 경제적인 피해는 말할 것도 없고 탄소 배출까지 급격하게 늘리는 재난에 가까운 정책이었다.

물론 선의로 막대한 피해를 부르는 일이 정치인만의 이야기는 아니다. 우리 일반인도 어쩌다 이런 짓을 저지르곤 한다. 어쩌면 당신도 기후를 생각하고 싶고 그래서 가능한 한 지역 농산물을 포장지 없이 사려 할지도 모르겠다. 라디오, 유튜브는 물론이고 친구들도 지역 상품을 사는 것이 지속 가능한 방법이라고 늘 말하지 않는가. 그런데 어디서 지역 상품을 살 수

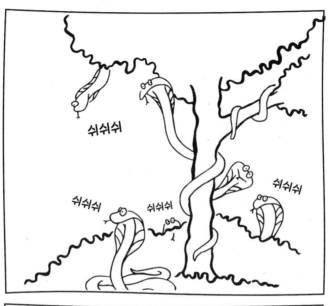

있을까? 모퉁이에 있는 할인 마트는 당연히 아니다. 그렇다면 농부 직거래가 답이다. 예를 들어 직장 동료가 추천한 농장은 약 30킬로미터 떨어진 이웃 동네에 있다. 자전거를 타고 가기에는 너무 머니까 자동차를 타고 왕복 60킬로미터를 달려 달걀 한 줄, 알루미늄 호일로 포장된 햄과 빵 한 덩어리를 사온다. 그리고 마지막으로 나머지 더 필요한 것들은 동네 할인마트에서 산다. 결과적으로 아무리 선의에서 한 행동이라지만 그 모든 것을 그냥 동네 할인마트에서 샀을 때보다 (혹은 지역 상품을 동네 유기농 마트에서 샀을 때보다) 더 많은 탄소를 배출했다.

플라스틱 사용을 피하려는 의도도 물론 좋다. 오염된 바다와 해안가, 플라스틱 쓰레기를 삼키고 죽은 새들과 물고기들의 참혹한 사진들을 보면 우리 배 속도 말 그대로 뒤틀리는 것 같다. 그런데 이런 사진들에서 우리는 대부분 플라스틱 같은 물질만 보지 그런 부적절한 처리와 잘못된 관리에 책임이 있는 사람들은 보지 못한다. 그래서 우리의 분노는 그 물질로 향하고 실제로도 플라스틱의 평판은 놀랍도록 나쁘다. 거의 악당 취급을 받는다. 그렇다면 플라스틱을 쓰지 않을 때 당연히 만족스럽다. 따라서 서둘러 일회용 플라스틱 봉지를 밀어두고 종이와 천 가방을 쓰기 시작한다. 샐러드용 오이 정도는 포장하지 않는 쪽이 훨씬 낫다. 우리는 참으로 좋은 의도에서 이렇게 한다. 하지만 이때 우리 대부분은 천 가방을 만드는 데 드는 추가 에너지와 자원을 상쇄하려면 천 가방을 최소한 130번 써야 한다는 사실은 잘 모른다.[116] 그것도 세탁하지 않고 말이다. 세탁에도 에너지가 들고 세탁에 필요한 세제를 만드는 과정에도 탄소는 배출되니까. 그렇다면 플라스틱 비닐로 진공포장된 오이는 어떨까? 그 포장 덕분에 오이는 유통 기간이 더 길어진다. 플라스틱 비닐은 기껏 탄소를 배출하면서까지 생산 유통된 오이가 우리 입에 들어가지도 못하고 음식 쓰레기로 버려질 가능성을 줄여준다.

그러므로 우리가 매일 플라스틱을 피하는 좋은 의도가 꼭 탄소 배출을 줄이는 것은 아니며 따라서 꼭 기후친화적인 결정이라고도 할 수 없다. 참고로 환경·기후친화성을 조사하는 연구들을 보면 이런 불일치는 더 뚜렷하게 보인다. 기후친화적으로 생각하는 사람이라도 기후친화적인 행동에 있어 다양한 이유로 그 성적이 좋지 않을 수도 있다. 그리고 이것에 '좋은 의도'가 일조하는 바가 상당하다.

어떤 사람이 설문조사에서 환경·기후친화적으로 평가되더라도 그 사람이 늘 환경·기후친화적으로 행동한다는 뜻은 아니다. 따라서 관련 연구들은 결과 위주와 의도 위주의 연구로 나뉜다.[117] 전자는 환경·기후 관련 행동들의 실제 영향을 분석하고 후자는 관련 사람들의 동기를 기반으로 행동을 분석한

다.[118]

괴테는 자신의 송가 〈신성神性, Das Goettliche〉에 "고결하고 선하고 도움이 되라! 이것이 유일하게 사람이 다른 모든 존재와 다른 점이므로"라고 썼다. 그런데 이제 우리는 고결한 의도와 도움이 되는 행동이 서로 명백히 다른 것임을 알 수 있다.

우리의 선의는 결과적으로 친환경에 대체로 어떤 영향을 주는가? 우리의 선의는 괴테가 '신성'이라고 한 것 바로 그것인가? 아니면 혹시 지금 우리는 코브라 효과를 부르고 파멸로 향한 길을 선의로 포장하고 있지는 않은가? 여기서 나는 과장은 피할 것을 제안한다. 좋은 의도는, 좋은 의도다. 그 이상도 그 이하도 아니다. 좋은 의도는 좋지 않은 상황과 함께할 때만 문제가 된다. 우리가 모르거나 잘 모르는 복합 체계와 함께할 때 그렇듯이 말이다(〈변명 13〉, "문제가 너무 복잡해" 편 참조). 그 위에 자신의 지식과 능력에 대한 과대평가와 지나치게 좋은 자아상까지 덧붙인다면(〈변명 12〉, "난 다 알고 있다" 편 참조) 우리는 자신의 의도를 더 강력하게 신뢰하게 된다. 그 위에 마지막으로 깨끗한 양심도 올려놓는다면 어떨까?(〈변명 10〉, "보상금 내고 있어" 편 참조) 성급한 행동을 정당하게 만들어주는 깨끗한 양심 말이다. 좋은 의도, 무지·무능력 그리고 깨끗한 양심, 이것들은 몰락을 부르는 칵테일의 재료들이다.

죄, 지옥, 교회, 몰락 그리고 신성이라니… 물론 이 책은 과학적인 기조를 잘 유지해서 설교 시간으로의 변질을 막을 것이다. 나는 기본적으로 나쁜 결과(지옥), 재난에 가까운 결과(몰락), 그리고 높은 도덕적인 요구(신성)를 말하고 싶다. 이 장에서 사용된 인용구들은 종교색이 여전했던 시대의 말이다. 이런 점을 나는 가끔 잘 알아차리지 못하는데 아마도 내가 오스트리아 문화에 강하게 젖어 있기 때문인 듯하다. 독일의 바이에른 혹은 뷔르템베르크에서처럼 이 나라에서도 지배적인 인사말은 여전히 노골적인 "신의 가호가 있기를Grüß Gott"이고 개인적으로 타인을 만날 때 전능한 존재를 불러오는 것이 무례하다고 생각하지만 자꾸 입 속에서 이 말이 나오는 건 어쩔 수 없다. 하지만 내 나라의 세속화가 너무 더디다는 사실은 이 책의 주제와 아무 상관이 없고 나는 단지 이 장의 인용구에 왜 종교색이 강한지를 설명하고 싶을 뿐이다. 현대의 말을 인용하지 않은 것은 당신이 이해해주기 바라건대, 그저 편해서다. 그리고 편하다는 이야기가 나와서 말인데 편함도 기후파괴적인 행동에 대한 변명이 될 수 있다. 나는 다음 장에서 선한 의도로 그것에 대해 말해보려 한다.

나는 게으르다

너는 뭐든지 할 수 있어. 너무 어려운 일만 아니라면 말이야.

패트릭 살먼 Patrick Salmen, 작가

때로 우리는 순전히 편하다는 이유로 기후파괴적인 행동을 한다. 예를 들어 500미터 거리도 걷는 것보다 자동차로 가는 것이 더 편하다. 나도 편함을 추구한다. 따라서 이번엔 흥미진진한 이야기, 재미있는 설명 혹은 심리학적 개념들로 채우는 일을 생략하고 싶다. 미안하지만 선한 의도와 편함이 만나니 나도 어쩔 수 없다.

상황이 이렇더라도 한 가지 제안을 하는 걸로 나는 최선을 다하려 한다. 편안함을 추구하느라 기후친화적으로 행동하지 못하는 상황을 생각해보고 그 상황을 한 문장으로 정리해보자. 이것도 귀찮은가? 그래도 괜찮다. 어차피 적당한 변명도 있잖은가?

내 잘못이 아니야

우리는 우리가 한 일뿐 아니라 하지 않은 일에도 책임이 있다.

몰리에르Molièr, 배우·극작가

다음은 인상적이고 놀라운 수치들이 아닐 수 없다. 지구 전체 온실가스 배출의 71퍼센트가 단 100개 기업에 의해서 이루어진다.[119] 모든 온실가스 배출의 3분의 1이 20개의 화석 연료 제조사에 의해 이루어진다.[120] 여기에 기후학자 마이클 만은 2017년 한 연구에서 "75억 인구가 상태가 더 악화된 지구로 대가를 치르고 있는 와중에 몇몇 오염 유발자들이 계속해서 기록적인 수익을 얻고 있다는 것은 커다란 비극이다. 이런 일이 일어나도록 두었다는 것은 우리 정치 체계가 도덕적으로 완전히 실패했음을 보여준다."[121]라는 평을 덧붙였다. 대부호들도 우리 일반 시민보다 몇 배는 더 많이 기후를 파괴하는 라이프스타일을 영유하면서도 그것에 따른 문제는 훨씬 덜 겪는다.[122] 그리고 전 세계적으로 80퍼센트의 인구가 비행기는 타본 적도 없는 상황에서 1퍼센트의 인구가 비행기로 50퍼센트의 탄소를 방출한다는 점도 생각해봐야 할 문제다.[123]

문제는 거대 기업과 대부호들에게 있고 또 정치 체계가 실패한 데 있다. 그러므로 평범한 나 토마스는 아무 책임이 없다. 나는 심지어 이웃 마을 수직 농장Vertical Farm에 짐자전거를 타고 가서 그곳에서 재배되는 유기농 호박을 사오고 최소한으로 난방하는 집에서 생채식 음식을 먹으니 이미 매우 기후친화적이다. 하지만 내가 이렇게 애써봤자 아무 소용이 없다. 아무리 탄소를 줄여도 그 양이란 게 리처드 브랜슨, 제프 베이조스, 일론 머스크 같은 사람들이 우주 개발 프로젝트로 몇 초 만에 배출해버리는 양이니까 말이다. 그러니 나도 자동차를 몰고 할인마트에 가서 스테이크를 사도 된다. 기후가 망가지든 말든 나랑 무슨 상관인가. 그리고 정치 체계라면 마이클 만도 말했듯이 완전히 실패했다. 이것에 대해서도 우리 평범한 사람들은 사실 아무 잘못이 없다. 우리는 기후변화를 나몰라라 하는 정당에 표를 주지 않았고 그것으로 우리 할 일은 다 한 거다. 기후위기에 연대 책임을 느낄 필요는 (아무리 작은 책임이라도) 없다고 본다!

이렇게 개인적으로 기후변화에 거리를 둘 수 있다면 기후친화적인 행동에 대해서 깊이 생각하지 않아도 된다. 좀 더 전문적으로 "기후변화에 심리적 거리를 둔다"라고 말할 수도 있다. 이런 심리적 거리[124]는 좀 더 구체적으로 다음 네 가지 원인에서 나타날 수 있다. 첫째, 기후변화와 그 결과를 뭔가 "아주 먼 것"으로, 즉 내 현재 인생에 직접적으로 영향을 주지 않는 무언가로 인지한다. 기후변화는 해안 도시나 개발도상국 혹은 북극의 곰에게는 문제가 될지 몰라도 나나 내 주변과는 상관이 없다고 생각하는 것이다. 둘째, 기후변화가 미래의 문제라고 생각하며 시간적 거리를 둔다. 셋째, 기후변화는 대다수의 모르는 사람들 탓이고 내가 모르는 대다수의 사람들이 겪을 일이라고 생각하며 사회적 거리를 둔다. 마지막으로, 우리 대부분이 기후변화를 체감하지 못한다는 것에서도 심리적 거리감이 발생한다. 기후변화는 앞에서도 언급했듯이 창문만 내다보면 볼 수 있는 구체적인 현상이 아니라 오랫동안 날씨를 관찰하고 통계를 내야 알 수 있는 하나의 추상적인 현상이기 때문이다.

이때 "내 잘못이 아니다"는 훌륭한 변명이 된다. 기후변화로부터 심리적 거리를 둘 때 기후변화로 인한 위험도 덜 위협적으로 느껴진다. 위협이 없다면 지금 당장 기후파괴적인 행동을 그만두어야 할 이유도 없다. 반면 심리적 거리가 좁혀지면 걱정은 당연히 커진다.[125] 24개국에서 이루어진 한 연구에

따르면 기후변화의 영향을 개인적으로 경험할 때 기후와 관련된 정치적 조치들을 특히 더 적극적으로 지지한다. 그런데 이것은 기후에 대해 자신의 의견이 아직 확실하지 않은 사람들만 그렇다. 기후변화를 부정하는 사람들은 극단적인 날씨나 다른 기후변화의 결과에 직접 대면해도 인지 편향과 재해석 경향을 보이며 생각을 바꾸지 않는다.("토네이도는 옛날에도 늘 있었지." "중부 유럽에 토네이도라고? 그럴 수도 있지. 자연스러운 현상이고 그렇게 나쁜 건 아니야.") 정반대 쪽에 서서 기후를 극단적으로 걱정하는 사람의 지나친 기후 인식도 개인적인 경험을 통해 바뀌지는 않는다. 한편 그 사이에 있는 거의 모든 다른 사람들은 기후와 관련된 개인적인 경험을 할 때 영향을 받고 기후변화에 대한 인식과 의견을 바꾸게 된다.[126] 다른 곳 어딘가에서 미래에 모르는 사람들에게나 주어질 추상적인 위협이 갑자기 내가 지금 여기서 겪어야 하는 구체적인 사건이 되어야 심리적 거리감이 줄어든다.

직접적인 영향을 느끼지 않는 한 기후변화의 부정적인 결과는 쉽게 무시할 수 있다. 문제에 대한 책임과 해결할 책임 모두 거리낌 없이 정치인이나 다른 사람에게 돌릴 수 있다. 문제는 우리가 아니라 다른 사람들이니까.

심리적 거리

우리 인간에게는 지금 여기 너머를 생각할 능력이 있다. 우리는 미래, 과거, 먼 곳, 다른 사람의 입장에 대해 생각할 수 있으며 (우주여행 같은)가상의 상황도 충분히 상상할 수 있다. 하지만 지금 여기서 나에게 직접적으로 일어나지 않는 것에는 심리적인 거리를 둔다.[127] 기후변화와 관련해 이런 심리적 거리는 꽤 많은 사람에게서 관찰된다. 심리적 거리는 공간적인 측면(다른 나라 이야기야), 시간적인 측면(급한 문제는 아니야), 사회적인 측면(다른 사람들의 문제야), 그리고 가상적인 측면(직접적으로 겪을 문제는 아니야)에서 동시에 일어날 수 있다. 기후변화 같은 불편한 주제에 있어 심리적 거리 두기와 경계 설정은 효과적인 자기 방어 전략 중 하나다.

다들 그렇게 해

다른 사람들이 창문에서 뛰어내리면 너도 그럴 거니?
우리 부모님

이 말은 부모님이 열한 살의 내게 사람들에게는 다 저마다의
개성이 있다는 것을 가르치기 위해 했던 말이다. 그때로 돌아
가 다시 이 질문을 받는다면 반항적으로 "네!"라고 대답할지
도 모르겠다. 그때의 나는 대개 "아뇨, 하지만……"이라고 말
하며 다른 아이들은 모두 운동장에서 축구하지 집에서 숙제
나 하고 있지는 않다고 항의하곤 했다. 그래봤자 일단 숙제부
터 해야 했다. 아마도 그래서 내 어릴 적 친구들은 다 볼프스
베르거 AC(내 고향 카린티아 지방의 축구 클럽으로, 지금은 1,000킬
로미터 떨어진 뮌헨글라트바흐 사람들도 다 아는 유명한 축구 클럽이 되
었다) 스타디움에 앉아 있는 일요일에도 나는 이렇게 책상에
앉아 글을 쓰고 있는지도 모른다.

166

어른이 되어도 우리는 주변 사람들에 촉각을 곤두세운다. 다른 사람이 어떻게 생각하고 행동하는지, 또 무엇을 선호하는지 보고 그 영향을 받는다. 신경 과학에 따르면 무언가를 결정해야 할 때 우리 뇌는 늘 사회적 영향을 받는다.[128] 한 집단의 일부일 때 사회적 영향에 완전히 자유로운 결정은 불가능하며 그 사회에서 우세한 규범들이 우리 행동에 강한 영향을 끼친다. 참고로 이것은 다른 영장류도 마찬가지고 인간은 사회적 교류에 있어 비교적 다른 영장류와 비슷하다. 물론 다른 영장류는 기후 재난에 책임질 일이 없으므로 이 점에서만큼은 우리 인간이 처한 상황이 독특하기는 하다.

환경심리학에서는 주로 세 종류의 사회적 규범을 논한다. 첫째, 서술적 규범은 특정 상황에서 사람들이 대부분 어떻게 행동하는지를 말해주는 규범이다. 예를 들어 오스트리아의 소도시에서는 모르는 사람이라도 길에서 마주치면 인사를 한다. 이런 것이 바로 서술적 규범에 해당한다(앞에서 언급했듯이 신의 가호를 빌어준다). 둘째, 명령적 규범은 대다수가 승인하는 행동이 무엇인지를 말해주는 규범이다. 이런 행동이 꼭 서술적 규범, 그러니까 관찰에 의한 규범이 되지는 않는다. 예를 들어, 우리 대부분은 대기질에 미치는 긍정적인 영향을 생각해 (즉 명령적 규범에 따라) 도심에서 자전거 타기를 옹호하지만 (남들이 하는 대로, 즉 서술적 규범을 따라) 여전히 자동차를 운전해 다닌

*   There is no Planet B: "플랜 B는 없다"를 차용한 환경 보호 구호.–옮긴이
**   환경 문제 해결을 위한 학생 운동 단체, 프라이데이 포 퓨처Friday For Future를 본
        뜬 말.–옮긴이
***   파리기후협약 공식 탈퇴를 선언한 도널드 트럼프 전 미국 대통령이 "위대한 미국
        을 만들어라"고 했던 말을 빗댄 환경 보호 구호.–옮긴이

다. 마지막으로 규정적(혹은 지시적) 규범은 특정 행동을 명백
하게 촉구하는 규범이다. 지하철 안에서 꼭 앉을 필요가 있는
사람을 위해 자리를 비워두는 것이 이런 규범에 속한다.

　서술적 규범, 즉 다른 사람의 행동 방식을 의식함으로써 얻
게 되는 규범이 결정에 특히 강한 영향을 미친다. 도로 교통에
서도 이런 점이 자주 목격되는데 이것은 물론 우리가 이성을

집에 두고 나왔기 때문일 수도 있다. 고속도로에서 속도 제한이 시간당 80킬로미터인 곳이라도 다른 차들이 대부분 100킬로미터로 달린다면 우리도 대개 속도를 올린다(근처에 속도 측정기가 있다면 사람들이 절대 그렇게 빨리 달리진 않을 테니까). 또 다른 예로 내가 사는 아파트 근처에 건설 현장이 하나 있는데 그곳에서부터 약 50미터 구간은 갓길 정차가 금지되어 있다. 그런데 이 길은 근처의 병원 방문객들이 비싼 주차장 대신 이용하고 싶어 하는 길이다. 어떤 날은 정차 금지 표시가 잘 지켜지는 것 같다가도 또 어떤 날은 정차 금지 구역 전체가 불법 주차된 차들로 꽉 차 있다. 왜 그런가 하고 가만히 봤더니 정차 금지 표시를 무시하는 자동차가 1대 혹은 2대만 있으면 여지 없이 불법 주차된 차들로 꽉 차게 된다. 나중에 오는 차들이 그 명백한 규칙 위반을 서술적 규범으로 인지하는 것이다. '사람들이 여기에 이미 주차했다면 여기 주차해도 괜찮다는 뜻이야' 혹은 '여기는 주차단속원이 오지 않는 곳인가보다'라고 생각한다. 그리고 나중에 다시 자동차로 돌아왔을 때야 깨닫게 된다. 주차 위반 과태료가 주차장 이용료보다 훨씬 더 비싸다는 걸 말이다.

우리는 다른 사람을 정보원이자 기준으로 삼는다. 이것은 누가 뭐래도 효율적이고, 수천 년 인류의 생존을 도운 측면도 있다. 다른 사람들이 공포에 질려 도망가고 있다면 우리는 그럴만한 이유가 분명히 있다고 추측할 수 있다. 따라서 그 이유가 무엇인지 궁금해하거나 그 진상 파악을 결심하는 대신(그러다 곧바로 쓰나미에 깔리기 전에) 그냥 똑같이 재빨리 도망칠 것이다. 신속성과 에너지 효율을 높이려면 다른 사람들의 행동을 모방하는 것이 낫다. 굳이 일일이 따지는 인지적 노력을 하지 않아도 되니까 말이다.

사회적 규범은 내면의 운전대에 방향을 제시한다. 특히 낯선 상황에 있거나 새로운 환경에 둘러싸일 때 우리는 다른 사람의 행동을 따라 하는 경향이 매우 강해진다. 그리고 이런 사회적 규범은 현재 널리 퍼져 있는 많은 사회적 규범과 생활양식이 탄소 집약적이기 때문에 기후파괴적인 행동을 할 때 이용하기에 편리한 면이 있다. 자가용 소유, 비행기 여행, 잦은 옷 쇼핑, 매일 먹는 고기 모두 그렇다. 이것들이 다 정상으로 받아들여지고 있고, 거의 모든 주변 사람이 이것들을 즐기고 있다. 교외 지역에 살고 있다면 자동차가 없다는 사실이 단박에 눈에 띄게 된다. 게다가 채식주의자라면 더 말할 것도 없다(채식주의자가 대중교통 이용자보다 더 비정상으로 보이는 것 같다). 이쯤 되면 대중교통 이용자에 채식주의자가 자신의 정체성을 무리 동물이라고 하는 것은 그저 멋진 위장에 지나지 않는다. 무리 동물이라고 하기에는 너무 튀고 심지어 너무 잘난 척하는 것처럼 보이지 않는가? 물론 개성도 좋지만 널리 퍼진 사회적 규범에 정면으로 맞서는 일은 매우 고통스러울 수 있다. '뛰어나온 못은 망치질을 당한다'는 일본 속담도 있지 않은가?

그렇지만 개인성과 집단성의 상호작용은 우리의 행동에 있어 중요한 촉진제다. 우리는 기본적으로 집단에 속하고 싶어 한다. 그러나 동시에 무리에서 두드러지고도 싶어 한다. 내가 아는 사람이 모두 테라스에 놓을 숯불 그릴기를 갖고 있다면 나도 하나 가지면 좋을 것 같다. 내 그릴기가 다른 사람의 것보다 더 좋고 더 비싸고 더 멋지다면 혹은 친구들 중 내가 양꼬치를 제일 잘 굽는다면 그건 더 좋을 것 같다. 소속감과 두드러짐이라는 두 가지 요구를 다 충족해주니까 말이다. 두드러짐은 기본 규범에 반할 때만 고통스러워진다. 그릴 친구들에게 고기 소비가 기후를 파괴하니 이제부터는 야채만 굽겠다고 선언할 때가 그렇다.

이렇듯 기존의 많은 사회적 규범이 기후친화적으로 행동하는 데 걸림돌이 되고 있는 실정이다. 하지만 사회적 규범을 기후보호 목적을 위해 이용할 수도 있지 않을까? 기쁘게도 나쁘지 않은 접근법들이 있다. 예를 들어 미국에서 표준 소비량을 알려주는 것으로 가정집 전기 소비를 줄일 수 있는지에 대한 조사가 있었다.[129] 연구 대상 지역의 가정집들은 자신들의 전월 전기 소비에 대한 피드백을 받았다. 그리고 일부 가정집은 자신들의 전기 소비에 대한 세세한 정보 외에도 그 소비가 이웃의 평균 소비에 비해 더 적은지 더 높은지도 알게 됐다. 이런 간섭은 실제로 효과가 있었다. 평균보다 높은 전기 소비를 한 집들은 다음 달에 소비를 줄였다. 하지만 유감스럽게도 흔히 일어나는 반대 효과도 나타났다. 평균보다 적게 소비했던 가정집의 전기 소비량이 나음 딜에 올라갔던 것이다.

학생들의 과음을 줄이기 위한 미국 어느 대학의 시도에서도 유사한 부메랑 효과가 일어났다. 학생들이 파티에서 술을 평균 4병 정도 마신다는 것을 알려주는 벽보를 붙였는데 그러자 그때까지 그보다 적게 마신 후 귀가했던 학생들의 술 소비가 늘었다. 그런데 전기 소비의 경우 이런 역효과는 작은 추가 간섭으로 줄일 수 있었다. 서술적 규범과 명령적 규범을 같이 쓴 것인데, 다른 가정에서 전기 소비를 더 많이 한 것을 알려줌과 동시에 평균보다 적게 소비하는 것을 좋은 습관으로 평가해준 것이다. 구체적으로 어떻게 그 평가를 전달할 것인가는 결과지에 웃는 얼굴 이모티콘을 붙여주는 것으로 간단히 해결했다. 전기 소비가 평균 이상인 가정은 반대로 슬픈 표정의 이모티콘을 받게 해 전기 소비가 사람들이 용인할 만한 수준 이상임을 알렸다. 놀랍게도 이모티콘을 붙이는 것 같은, 사회적 규범에 관한 아주 간단한 피드백조차 행동에 영향을 미친다. 사회적 규범의 효력은 호텔에서 수건을 여러 번 사용하는 것[130], 국립 공원에서의 도둑질을 줄이려는 시도[131] 같은 다른 상황에서도 비슷하게 증명된 바 있다.

이런 결과들이 모든 조사에서 매번 똑같이 나오는 것은 아니다. 사회적 규범에 기반한 간섭은 소통되는 사회적 규범이 당사자의 생각과 맞지 않을 때나 습관과 배치되어서 미덥지 못할 때는 그다지 성공하지 못한다. 그리고 전후 사정도 중요한 역할을 한다. 예를 들어 유스호스텔이나 펜션 정도라면 괜찮을 일이 고급 호텔이라면 혼란을 일으킬 수 있다. 별 다섯 개의 고급 호텔에서 만약 83퍼센트의 다른 투숙객들처럼 수건 1개를 며칠 동안 써달라는 부탁을 받는다면 나는 조금 의아해할 것 같다. '이 사람들이 정말 환경을 생각해서 이러는 걸까? 아니면 예산을 생각해서 이러는 걸까?' '하룻밤에 250유로를 내는데 새 수건 하나 가져다주지 않는다고?' 하고 말이다. 나는 83퍼센트 고객들이 다 그렇게 한다는 말도 믿지 못할 것 같다. 그리고 이런 의심은 반발로 이어질 수 있다. 나는 이제 이용당하는 것만 같아서 결코 시키는 대로 하지 않을 것이다.

사회적 규범에 대해 꼭 분명히 말해주지 않아도 될 때도 있다. 그리고 다른 사람의 행동을 직접 보지 않아도 사회적 규범이 작용할 수 있다. 환경 자체가 그곳에 흔한 행동 방식을 말해주는 것이다. 예를 들어 깨끗한 보행자 전용길은 쓰레기로 가득한 공원과는 완전히 다른 규범을 전달한다. 그래서 깨끗한 도보보다는 쓰레기로 가득한 공원에 플라스틱 병을 버리고 오기 쉽다. 주변 환경의 상태가 규칙을 깨는 것이 얼마나 흔한 일인지 혹은 규칙을 깨는 것이 어느 정도 정상인지를 추측할 수 있게 해주고 우리는 그 추측에 따라 행동한다. 이것은 네덜란드에서의 한 실험에서도 분명히 증명된 바 있다.[132] 여기서 실험자들은 자전거에 전단지를 붙여 놓고 자전거 주인이 그 전단지를 그냥 바닥에 버리는지 혹은 챙겨 가서 제대로 처리하는지를 조사했다. 그래피티를 금지한다는 표시가 있음에도 그래피티가 그려져 있는 곳이라면 자전거 주인들 60퍼센트가 전단지를 바닥에 그냥 버렸다. 그래피티가 그려져 있지 않은 곳이라면 33퍼센트가 바닥에 버렸다. 규칙이 이미 깨진 곳이라는 분명한 사실이 전단지를 그냥 바닥에 버리는 또 다른 규칙 파괴를 조장한 것이다.

기후파괴적인 행동이 누가 봐도 일상에 녹아 있다면 기후친화적으로 행동하기가 매우 어렵다. 하늘은 항적운으로 덮여 있고 도심에는 덩치 큰 SUV 차들로 가득한데 과연 나라도 기후를 생각해서 고기를 덜 먹고 싶을까? 그리고 사회적 규범이 이러나저러나 상관없게 되는 상황들도 있다. 바로 아무도 지켜보는 사람이 없을 때다. 오스트리아 많은 지역에서는 일요 신문이 이른바 무인으로 판매된다. 보통 플라스틱 가방 안에 신문들을 넣어놓고 그 옆에 작은 현금 상자를 둔다. 사람들이 직접 신문을 꺼낸 다음 돈을 현금 상자 안에 넣자는 게 원래 취지였다. 이 무인 판매는 사실 반만 성공적이다. 실제로 이런 식으로 매주 수천 부의 일요 신문이 "판매되고 있고" 이런 점에서는 이 체계가 잘 작동한다고 할 수 있지만 최소한의 사람만이 정직하게 돈을 내고 신문을 사가고 있음을 생각하면 잘 작동한다고 보기 어렵다. 시골이나 지방이 도시보다 낫고 최악은 주거 밀집 지역이다.[133] 나는 무인 판매대에서 아무도 보지 않을 때 신문을 사취하는 사람들조차 자신을 정직한 사람으로 생각할 것이라고 거의 확신한다. 최소한 자신을 범죄자로 보지는 않을 것이다. 신문 사취는 나쁘지만 무해한 경범죄 정도로 간주되고, 도둑질은 나쁘다는 사회적 규범은 이 경우 대개 그 효력을 발휘하지 못한다. '일요 신문을 사서 읽는 사람 대다수가 돈을 낸다'라는 정보를 신문 가방에 눈에 띄게 잘 붙여 놓아도 소비자의 도덕성에 그리 큰 영향을 주지는 못한다.[134] 하나의 시스템 안에서 관습이 이미 정착되었고, 특히 그 관습이 그 누구에게도 관찰되지 않는 순간에 일어나는 것이라면 이런 소소한 간섭이 충분한 정도의 행동 변화를 부르지는 못한다.

정직성이 관여하는 상황에서 그 결과에 대해 걱정하지 않아도 될 때 문화적 규범도 행동에 중요한 역할을 한다. 세계

40개국 355개 도시에서 사람들의 정직성을 조사하는 대대적인 현장 실험이 있었다.[135] 일단 실험 관계자가 우체국, 호텔, 경찰서, 은행 같은 민간 혹은 국가 기관 창구의 직원들에게 건물 앞에서 주웠다며 지갑을 하나 건넸다. 10유로 정도 적은 돈을 넣어둔 지갑도 있었고, 돈이 전혀 없는 지갑도 있었으며, 100유로 정도의 상대적으로 많은 돈이 든 지갑도 있었다. 모든 지갑 속에 소유자와 잘 연락할 수 있도록 신분증과 전화번호도 넣어두었다. 그리고 연구진은 얼마나 많은 지갑이 원래 주인에게 돌아오는지 보기로 했다. 결과적으로 흥미로운 사실은 나라마다 다양한 성적을 거두었다는 점이다. 순위에서 우위를 차지한 나라들은 사실 그다지 놀랍지 않았다. 스위스, 네덜란드, 스칸디나비아 나라들에서는 지갑이 70퍼센트 안팎으로 주인에게로 돌아갔다. 유감스럽게도 이 실험에 일본은 빠져있었는데 일본이라면 내 경험상 거의 100퍼센트 돌아오지 않았을까 싶다. 독일과 프랑스는 중간 순위를 기록했으며 폴란드와 체코의 순위는 그보다 더 높았다. 이 실험에서 가장 흥미로운 결과는 40개국 모두에서 돈이 든 지갑이 돈이 없는 지갑보다 더 많이 주인에게로 돌아왔고 지갑에 돈이 많을수록 혹은 지갑에 열쇠가 들어 있을 때 주인에게 돌아올 가능성이 한 번 더 높아진다는 점이었다(이제부터 지갑에 열쇠를 넣고 다니시길). 그리고 돈이 그 액수 그대로 돌아왔다는 점도 흥미롭다.

98퍼센트의 돈이 그대로 돌아왔다.

연구진은 사전에 경제학자들에게 지갑이 얼마나 돌아올지 예측하게 했다. 당연히 경제학자들의 추측은 완전히 빗나갔다. 이들은 돈이 많이 든 지갑일수록 돌아오지 않을 거라고 생각했다. 사람들의 행동을 이해하려 할 때 왜 항상 경제학자에게 묻는지 나는 도무지 이해할 수 없다. 심리학자들이 훨씬 더 잘 추측할 수 있을 텐데 말이다. 우리는 대부분 자신을 도둑으로 여기고 싶지 않다. 돈이 없는 지갑을 돌려주지 않을 때는 무인 판매대의 신문을 사취하는 것 같은 경범죄로 인식되거나 단지 귀찮아서인 것으로 간주된다. 혹은 이미 다른 사람이 그 지갑에서 돈을 가져간 거라고 생각하고 도둑질에 연루되기 싫으니까 돌려주지 않을 수도 있다. 하지만 들어 있는 돈의 액수가 큰데 돌려주지 않았다면 긍정적인 자아상을 견지하기가 어려워진다. 이것은 사회적 규범만이 아니라 개인적인 규범, 그러니까 자신에 대한 도덕적 요구와도 관계가 있는 문제다. 특히 잘사는 나라의 사람들이라면 10~100유로는 좋은 자아상과 맞바꿀 만큼의 금액이 못 된다. 그러므로 지갑이 많이 되돌아온 것은 그리 놀랄만한 일이 아니다. 경제학자들은 효율성을 최대화하는 호모 에코노미쿠스를 너무 진지하게 받아들이는 경향이 있다.

우리는 타인에게 보여지지 않을 때는 자신의 개인적인 규범에 맞게 행동하는 경향이 강하고, 타인에게 보여지는 순간에는 사회적 규범에 맞게 행동하는 경향이 강하다. 후자의 경우 분명히 보이는 기존의 규범이 결정에 직접적인 영향을 준다. 레스토랑의 다른 손님들이 만족스러운 식사에 보통 팁을 얼마나 주는지 알면 우리는 그 금액을 기준으로 삼는다. 이런 사회적 규범은 기후친화성에 있어서도 똑같이 작동한다. 우리는 레스토랑 메뉴판에 가장 인기 있는 채식 메뉴를 더 크고 진하게 표시해둘 수 있다. 손님들이 뭘 먹을지 빠르게 결정해야 할 때 혹은 사람들이 주로 어떤 음식을 먹는지 알고 싶을 때 그 표시가 메뉴 결정에 큰 도움이 될 것이다.

그런데 기존의 사회적 규범들은 대체로 기후친화적이지 않고 우리는 자주 타인의 행동으로 자신의 기후파괴적인 행동을 변명한다. 도심의 도로 50퍼센트가 자가용 자동차를 위한 것이고 대중교통을 위한 도로는 20퍼센트 정도라면 이런 수치를 알려주는 것이 대중교통 이용을 독려하는 광고로 좋을 수는 없다. 그런데 다행히 통계에 기반한 서술적인 규범 외에도 역동적 규범(사람들이 점점 더 많이 하는 행동을 통해 생기는 규범)이 있다. 우리는 대다수가 하는 행동을 따르기도 하지만 새로운 트렌드에 부응하려는 경향도 있다. 따라서 기존의 통계에 기반한 규범이 기후파괴적일지라도 기후친화적인 역동적 규범을 따를 수도 있다. 예를 들어 대도시 주거자들이 자동차를 구입하는 수가 차츰 줄어들고 있다. 카풀을 이용하거나 자전거, 풋바이커Footbike 같은 액티브 모빌리티Active Mobility(도보, 자전거, 스케이트보드 등 모터 없는 능동형 교통수단-옮긴이)로 통근하는 재미에 푹 빠진 사람들이 점점 늘고 있는 덕분이다. 채식 혹은 채식 라이프스타일에 흥미를 갖는 사람도 점점 늘고 있다. 이것이 다 역동적 규범의 예다. 이런 규범을 따를 때 '타인'은 기후파괴적인 행동에 변명을 제공하는 것이 아니라 기후 친화적인 결정에 동기를 부여한다.

사회적 규범과 동조

사회적 규범은 우리의 결정 과정에 강한 영향을 준다. 그리고 사회적 환경은 우리가 우리 자신에게 가하는 요구, 즉 개인적인 규범에도 강한 영향을 준다. 서술적 규범(타인들이 어떻게 하는가?)과 명령적 규범(타인들이 무엇을 승인하는가?)는 서로 다르다. 사회적 규범은 통계학적(대다수가 X를 한다) 규범과 역동적(점점 많은 사람이 Y를 한다) 규범으로 나뉘기도 한다

심리학자 솔로몬 애쉬Solomon Asch[136]의 유명한 실험에 따르면 인지 테스트 참가자들은 그룹의 다른 참가자들(사실은 연구진)이 다 같이 틀린 답을 말하면 자신도 틀린 답을 말한다. 이런 집단적 압박이 있을 때 33퍼센트가 오답을 냈고 이런 집단적 압박이 없을 때 단 1퍼센트만이 오답을 내놓았다. 이후 여러 뇌 연구를 보면 사회적 환경이 문제의 인지적 해결에 관계하는 뇌의 여러 부분에 영향을 주는 것을 알 수 있다. 사회적으로 강요되는 오답에 반하며 정답을 말할 때 우리 뇌 속 불안 센터와 보상 센터 일부가 동시에 활성화된다.[137] 이 말은 그룹이 동의한 것의 반대편에 설 때 불안과 기쁨을 동시에 느낄 수 있다는 뜻이다.

주변 환경의 상태도 규범을 전달한다. 이른바 깨진 유리창 이론의 기본 가정에 따르면 도시에서 깨진 유리창이 많은 구역일수록 더 많은 유리창이 깨질 테고, 그 결과 범죄율도 높아진다. 미국의 보수 정치인들이 좋아하는 이 이론은 책《프릭코노믹스Freakonomics》에 따르면 과학적으로 그 근거가 부족하다.[138] 요약하자면 박살난 창문이 더 많은 창문을 박살낼 수는 있지만 그것이 꼭 살인 같은 범죄로 이어지지는 않는다고 한다. 범죄율이 높아지는 데는 보통 더 많은 문제가 연관되어 있다.

그런데 중국에서는

언제부터 중국에 그렇게 관심이 많으셨나?

작자 미상

기후위기에 수동적인 우리에게 더할 수 없이 좋은 변명거리
를 주는 것은 주변의 타인들만이 아니다. 우리는 수천 킬로미
터 떨어진 나라들 혹은 그곳의 사람들도 멋지게 끌어들여 우
리 주장을 정당화한다. 여기서 특히 중국은 아주 이상적인 국
가로 드러났다. 중국에서 무슨 일이 일어나든 우리는 관심이
없다. 하지만 그 일이 기후파괴와 관계가 있는 것 같을 때는
아주 집중해서 본다.

　중국 경제가 발전할수록 당연히 에너지에 대한 갈증도 높
아졌다. 중국에서는 지금도 화력발전소가 건설되고 있고, 점
점 늘어나는 신흥 중산층이 기후친화와는 거리가 먼 방향으
로 생활 습관들을 바꾸고 있다. 이들은 더 많은 자동차, 더 많

182

은 고기를 소비하고 오스트리아의 동화 마을 할슈타트 같은 아주 먼 여행지에 단체로 날아다니곤 한다. 할슈타트의 중국인 관광객들은 사진만 찍지 않고 전통 모자 같은 여행 기념품도 산다. 그 모자에 '메이드 인 차이나'라고 쓰여 있어도 상관하지 않는다. 어쨌든 중국을 위시한 다른 신흥국들의 경제 발전은 지속 가능하지 않은 방식이다. 아시아나 아프리카의 개도국들이 처음부터 깨끗한 기술과 재생 에너지로 경제 개발의 길을 걸었으면 했던 우리의 희망은 무너졌다.[139] 이 국가들도 서양 국가들이 과거에 그랬던 것처럼 기후파괴적인 길을 가고 있다.

그리고 이제 우리는 이런 상황을 기후파괴적인 행동에 대한 변명으로 이용한다. 이것은 환경 원시[140]라는 심리학적 현상 때문이다. 여기서 원시란 약시弱視의 일종으로 먼 곳을 더 잘 보는 눈을 말하는데, 이런 원시가 환경·기후 주제에도 등장한다. 많은 연구에 따르면 사람들은 고향 같은 가까운 곳의 환경 문제가 먼 곳의 환경 문제보다 덜 심각한 것으로 인지했다. 기후 문제도 마찬가지다. 저 먼 중국의 화력발전소와 점점 늘어나는 자동차들? 끔찍하다. 브라질 열대 우림에서 일어나는 화전火田? 재앙이 따로 없다. 독일 가구당 자동차 수가 1.1대나 되는 것? 이건 그렇게 나쁘지 않다. 오스트리아의 땅들이 죄다 신속히 포장되고 있는 것? 유감스럽긴 하지만 호들갑 떨

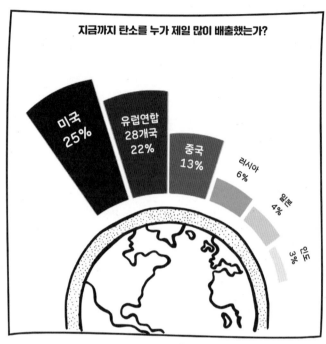

지금까지 탄소를 누가 제일 많이 배출했는가?

미국
25%

유럽연합
28개국
22%

중국
13%

러시아
6%

일본
4%

인도
3%

역사적으로 각 나라(혹은 대륙)의 탄소 배출 누적 지분. 이것은 상품 생산과 관련이 있다. 소비재 생산으로 인한 탄소 배출량은 중국, 인도보다 서양 국가들이 더 많다.[141]

일은 아니다.

우리는 먼 나라에서 일어나는 일을 더 큰 문제로 인식한다. 동시에 그 문제에 대한 책임감은 전혀 느끼지 않는다. 우리는 아주 자유롭다. 내 나라에서 벌어지는 기후파괴라면 우리는 아무것도 할 필요가 없다(그렇게 나쁘지 않으니까). 다른 나라에서 벌어지는 기후파괴라면 우리는 아무것도 할 수 없다(어차피 그곳에 가지도 못하니까). 수천 킬로미터 떨어진 태평양에서 섬

184

이 몇 개 잠긴다고 해도 어차피 그곳에 가본 적도 없고 그곳에 아는 사람도 없으니 별 느낌이 없다.

환경 원시는 인지 부조화를 해결하고 심리적 거리두기를 용이하게 해서 심리적 안정을 부른다. 환경 원시에 익숙한 우리는 "중국은 오스트리아나 스위스 같은 작은 나라들보다 혹은 심지어 그렇게 작지도 않은 독일보다 훨씬 더 많은 탄소를 배출한다." 하고 주장한다. 중국에 유럽연합 국가를 전부 다 합친 것의 두 배나 되는 인구가 산다는 것은 이 주장에서 고려의 대상이 아니다. 중국에서 배출하는 상당한 양의 탄소가 유럽인들이 쓰는 상품을 생산하는 과정에서 나오는 것이며 유럽인 1인당 탄소 배출량이 중국인 1인당 탄소 배출량보다 훨씬 높다는 사실도 무시된다. 서양이 경제개발 과정에서 이미 배출한 탄소의 양이 어마어마하다는 것은 차치하고라도 말이다(앞의 그림 참고).

기후위기를 극복하려면 지금 가난한 나라들이 과거 서양 국가들이 그랬던 것과 달리 기후친화적으로 발전해야 한다. 하지만 가난한 나라들에 화석 에너지 자원의 장점을 포기하면서까지 경제 발전을 더디게 하라고 부탁하는 것이 윤리적으로 결코 쉬운 문제는 아니다. 화석 에너지로 현재의 복지국가를 이루었고 그래서 지금의 이 재난에 책임이 있는 서양 산업국들이 가난한 나라에게 석유와 석탄을 포기하라고 요구할 권리는 없다. 우리는 지금 바람직한 해결책이 전혀 없고 무엇보다 값싼 해결책은 절대 없을, 커다란 윤리적 딜레마에 빠져 있다.

세계적으로 온실가스를 줄이려면 어쨌든 범지구적 협력과 집단행동이 필요하다. 집단행동은 언제나 문제와 도전 과제를 수반한다. 그래서 정치학에서도 집단행동 문제라는 말이 생겨났을 것이다. 게임 이론과 경제학에서는 동의어로 사회적 딜레마라는 말을 쓴다. 사회적 딜레마는 개인적인 효율의 극대화가 집단적인 효율을 낮출 때 발생한다. 당신은 여기서 다시 호모 에코노미쿠스로 돌아왔음을 알아챘을 것이다.

자동차 운전의 예를 한번 들어보자. 개인적인 관점에서 자동차는 빠르고 편하게 슈퍼마켓에 가고 싶을 때 효율을 극대화한다. 하지만 우리는 타인을 완전히 배제한 결정은 내릴 수 없다. 모든 사람이 자동차를 타고 다닌다면 교통 체증이 생기고 주차할 곳도 없으며 공기도 나빠질 테고 기후도 파괴될 것이다. 그럼 결국에는 석유 회사를 제외하고 그 누구의 효율도 높아질 수 없다. 이런 딜레마에서 벗어나기 위해 집단행동이 필요한 것이다. 한 사람이 자동차를 포기한다고 교통 체증이 눈에 띄게 줄지는 않는다. 자전거를 타고 차량 행렬 사이를 빠져나간다면 심지어 자동차보다 더 빨리 목적지에 도착할 수도 있지만 차량 운전에 맞게 조성된 도시에서 이것은 많은 이유에서 불편할 수밖에 없다(심지어 자전거 운전자에게 화풀이를 하는 자동차 운전자도 있다).

　사회적 딜레마를 국가 관계 차원으로 옮겨 탄소 배출을 줄일 수 있을지 없을지를 질문해보면 여기서도 우리는 똑같은 역학 관계에 부딪히게 된다. 석탄, 석유, 가스를 계속 사용하는 한 기후 재난을 막을 수 없는 이 상황에서 어느 한 나라가 독자적으로 화석 에너지 자원 이용을 그만둔다고 해도 다른 나라들도 똑같이 그렇게 하지 않는 한 아무 의미가 없다. 한 나라의 탄소 배출량은 전 지구의 탄소 배출량과 비교할 때 작은 양이거나 아주 작은 양이다. 독자적인 행동에 뒤따를 수밖에 없는 중단기적인 피해도 감수해야 한다. 모두가 함께 한 마음으로 집단적으로 행동할 때만 의미 있는 변화를 기대할 수 있다.

　사회적 딜레마와 집단행동에 대해서라면 게임 이론, 실험 경제학, 정치학에서는 물론이고 심리학에서도 어느 정도 광범위한 연구가 있었고 덕분에 흥미로운 사실들이 많이 밝혀졌다. 이제 다음 몇 페이지에서 이런 흥미로운 사실들을 다룰 예정이므로 이 장은 다른 장들에 비해 좀 길어질 듯하다. 게임 이론에 관심이 없거나 이미 잘 알고 있다면 다음 소제목 부분은 건너뛰기를 바란다.

부설附說: 게임 이론과 그 실험들

게임 이론에는 결정 상황을 분석할 수 있는 일련의 실험 장치들이 있다. 이 장치들을 통해 협력 행동에 대해서도 조사할 수 있다. 두 사람이 참여하는 최후통첩게임Ultimatum Game도 그런 실험 장치 중의 하나다. 규칙은 이렇다. 플레이어 1이 특정 액수의 돈을 받는다. 여기서는 10유로라고 하자. 플레이어 1은 이제 플레이어 2에게 그 돈의 일부를 제공해야 한다. 공정하게 5유로를 건넬 수도 있지만 그보다 적게 혹은 많게도 줄 수 있다. 그럼 플레이어 2는 제안을 받아들일지 결정해야 한다. 그 제안을 받아들이면 둘은 각자의 몫을 가질 수 있다. 제안을 받아들이지 않으면 둘 다 돈을 전혀 받지 못한다. 플레이어 1도 10유로를 다시 빼앗긴다는 뜻이다. 이렇게 플레이어 2도 불공정한 제안을 하는 플레이어 1을 처벌할 수 있다.

플레이어 1과 플레이어 2 모두 전형적인 호모 에코노미쿠스라면 플레이어 1은 최소한의 금액(1유로)을 제공하면서 자신의 경제적 효율성을 극대화할 것이다. 플레이어 2은 없는 것보다는 나으니 그런 최소한의 제공을 받아들이며 역시 자신의 경제적 효율을 극대화할 것이다. 그런데 당신도 짐작하겠지만 실제로는 일이 그렇게 진행되지 않는다. 실제 실험에서는 부당한 제안일 경우 플레이어 2는 대개 거부한다. 부당한 제공을 한 플레이어를 처벌하는 데서 오는 만족감이 약간의 돈이 주는 효율성보다 더 중요한 것이다.[142] 그리고 대부분은 플레이어 1이 공정하게 40퍼센트 이상의 돈을 제공하고 그럼 플레이어 2도 그 돈을 받아들인다.

이 게임 장치에서 파생한 독재자 게임Dictator game이라는 것도 있다. 최후통첩게임과 달리 여기서는 플레이어 2에게 제재 권한이 없다. 플레이어 1이 독재자처럼 돈을 배분하고 가엾은 플레이어 2는 그대로 받아들여야 한다. 이런 상황에서 플레이어 1이 경제적으로 합리적인 사람이라면 혼자 모든 돈을 가질 테고 플레이어 2는 빈손으로 귀가해야 할 것이다. 그런데 여기서도 그런 일은 거의 일어나지 않는다. 대부분 공정한 제안이 이루어지고 다만 제재 권한이 사라졌기 때문에 1이 제공하는 금액이 전체 금액의 30퍼센트 정도로 떨어진다. 이 수치는 여러 요소에 따라 달라질 수 있고 문화적 영향도 일정 부분 작용한다. 예를 들어 적지 않은 문화권에서 발생하는 일인데 최후통첩게임에서 높은 금액을 제공받았음에도 플레이어 2가 자주 그 제안을 거절하기도 한다.[143] 이상해보일 수도 있지만 그 이유는 단순하다. 관대한 금액을 제공함으로써 플레이어 1은 자신의 지위가 플레이어 2보다 훨씬 높음을 암시한다. 이때 플레이어 2가 자신의 지위가 사실은 더 높다고 생각하면 그 관대한 제안을 거절하는 것으로 알려주는 것이다.

어쨌든 전체적으로 볼 때 이 2인 게임은 우리 인간이 기본적으로 사익만 추구하지는 않으며 협력할 준비가 되어 있음을 말해준다. 우리는 케이크를 어느 정도는 나눠 먹고 싶어 하고 이것은 기후위기와 관련해서도 좋은 소식이다.

하지만 안타깝게도 기후위기는 두 사람이 의기투합한다고 해서 한 번에 모든 것이 해결되는 문제가 아니다. 기후위기 같은 세계적인 논점을 게임으로 보자면 간난히 말해 행동에 대한 선택지와 이익 관계가 서로 다른 게임 참가자가 80억 명이라는 것이고 이것은 기본 규칙이 80억 번 바뀔 수도 있다는 뜻이다. 이 정도의 복잡성을 실험에서 구현할 수는 없다. 그러므로 실험을 단순화할 수밖에 없고, 이 실험은 근본적인 협력 메커니즘에 대한 기본 지식 습득을 그 목표로 삼아야 할 것이다.

또 다른 측면을 보여주는 파생 실험 장치가 하나 더 있다. 게임을 여러 번 하게 하는 것이다. 이때 우리는 이미 끝난 판의 상호작용에서 얻은 교훈에 따라 전략을 변경할 수 있다. 이른바 죄수의 딜레마Prisoner's Dilemma 게임이 그렇다. 요약하면 이 게임에서 플레이어는 사익을 취하거나 협력할 수 있다. 사익을 취하면 개인적인 관점에서 효율이 최대화된다. 하지만 플레이어 둘 다 그렇게 하면 결과적으로 최악의 상황이 벌어지게 되고 이것은 둘 다 자신의 처한 상황을 일방적으로(즉 자신의 행동만으로) 개선하지는 못한다는 뜻이다. 사익을 취하는 것에서 협력하는 것으로 노선을 바꾼 경우 상대방도 협력하지 않는다면 자신의 상황이 더 나빠지는 역효과에 부딪히게 된다. 이런 상황을 게임 이론에서는 균형 상태 혹은 미국의 수학자 존 내시의 이름을 따서 내시 균형Nash Equilibrium 상태라고 한다(참고로 영화 〈뷰티풀 마인드〉는 존 내시의 인생을 그린 영화다). 죄수의 딜레마 게임은 양쪽의 플레이어가 계속해서 똑같이 협력할 때만 최대 효율의 결과를 얻을 수 있다. 게임 이론에서는 이런 집단적으로 가능한 가장 최고의 결과를 파레토 최적Pareto-Optimum 상태라고 한다. 참고로 이 게임에서 가장 성공적인 전략은 "받는 대로 갚는다Tit for Tat"[144] 전략이다. 협력적인 플레이어에게 협력하고, 이기적인 플레이어에게는 이기적으로 대응하는 게 가장 좋다.

그런데 왜 죄수의 딜레마일까? 게임 이론에서 이 게임 장치는 애초에 두 명의 죄수를 플레이어로 설정했다. 두 죄수는 경찰에게 자백하고 공범자를 밀고해서 자기만 주요 목격자로 풀려나가거나, 묵비권을 행사하는 것으로 경찰이 더 무거운 죄를 밝힐 수 없게 함으로써 공범자와 함께 낮은 처벌만 받고 풀려날지 선택할 수 있다. 한쪽 죄수만 본다면 밀고가 더 나은 선택지가 되겠지만 만일 둘 다 그렇게 한다면 둘 다 제대로 처벌을 받게 된다(내시 균형 상태). 만약에 둘 다 침묵한다면 파레토 최적 상태에 이를 수 있다.

그런데 우리는 아직도 단지 2인 게임에 대한 이야기만 하고 있다. 집단행동 문제에 대한 더 나은 통찰을 얻으려면 더 많은 플레이어가 관여하는 장치가 필요하고, 게임 이론에서는 물론 이런 장치도 있다. 넓은 의미에서 기후는 공공재다. 극단적인 날씨, 종의 멸종, 해안 도시 침몰 같은 일을 피할 수 있다면 단지 두 사람이 아니라 우리 모두에게 좋다. 그리고 우리 모두 이 공공재에 공헌할 수 있다. 공공재 게임Public Goods Game이라고 하는 이 장치에서 규칙은 비교적 간단하다. 더 많은 플레이어(기본 버전에서는 4명의 플레이어가 있다)가 돈을 받는다. 이들은 이제 그중 얼만큼을 공동 냄비에 넣고 얼마를 자신이 가질지 선택할 수 있다. 공동 냄비 속에 모인 돈은 두 배 혹은 그 이상으로 많아지게 되어 있다. 그리고 그렇게 커진 돈은 모든 플레이어에게 각자가 처음에 얼마를 넣었는지와 상관없이 똑같이 배분된다. 이 게임을 여러 번 반복하면 그때마다 플레이어들은 게임머니를 추가로 받게 되고 그때마다 다시 자기가 얼마나 갖고 얼마를 공동 냄비, 즉 공공재에 넣을지 결정해야 한다.

집단 최대 효율 상태, 즉 파레토 최적 상태는 플레이어들 모두 항상 최대한 많은 돈을 공동 냄비에 넣을 때 발생한다. 하지만 플레이어 각각의 입장에서는 받은 돈을 모두 자기가 갖고 다른 플레이어에게 손해를 입히며 공동 냄비에서 돈을

받아내고 싶은 유혹을 크게 느낄 수밖에 없다. 이를테면 무임 승차 하고 싶은 것이다. 자신은 아주 조금 공헌하거나 전혀 공 헌하지 않으면서 공공재의 이점은 만끽하는 것 말이다. 개인 효율 극대화에 초점을 맞추면 무임승차는 논리적으로 타당한 선택지다. 하지만 모든 플레이어가 이런 전략을 따른다면 혜 택을 볼 공공재 자체가 더 이상 존재하지 않게 된다. 그러므로 우리는 여기서 다시 사회적 딜레마에 빠진다. 개인적인 관점에서 합리적이고 똑똑해 보이는 일이 집단 차원에서는 모두가 지는Lose-Lose 상황을 부르니까 말이다.

이것이 기후위기와 무슨 상관인가?

이런 실험들로 우리는 다양한 사람들이 서로 협력해야 할 때 어떤 식으로 협력할지 추론할 수 있다. 이 추론에도 좋은 소식과 나쁜 소식이 있다. 일단 좋은 소식부터 말해보겠다. 많은 실험에서 증명된 것에 따르면 공공재 게임의 참가자들은 적어도 어느 정도는 협력적이어서 상당한 게임머니를 공동 냄비에 넣는다. 나쁜 소식은 모든 참가자 집단에는 무임승차 전략을 쓰는 사람이 거의 항상 꼭 있다는 것이다. 그리고 이 무임승차자가 마지막에 더 많이 버는 것을 보게 되면 다른 플레이어들도 조금씩 똑같이 무임승차 전략을 쓴다. 그럼 협력 관계는 조금씩 무너지고 따라서 공공재도 조금씩 사라진다. 이런 단순화된 게임 환경에서는 무임승차자가 단 몇 명만 되어도 모든 참가자의 협력 의지가 금방 완전히 사라질 수 있다.[145]

이것은 범지구적인 기후보호 노력을 죽이는 데 한두 나라면 충분하다는 뜻이 된다.[146] 잠깐! 무임승차 한두 나라면 게임 오버 상황이 된다고? 아니다. 그렇게 성급할 필요는 없다. 또 다른 종류의 공공재 게임도 있으니까 말이다. 여기서는 참가자들이 공동 냄비에 투자하는 것과 동시에 특정 참가자를 제재하는 데 투자할 수도 있다. 예를 들어 플레이어 1이 플레이어 4가 공동 냄비에 내놓은 금액에 불만이라면 플레이어 1은 자신의 돈 일부를 플레이어 4를 처벌하는 데 투자할 수 있다. 이 말은 다음 판에 플레이어 4는 판돈을 그만큼 낮게 받게 된다는 뜻이다. 이 효과는 탁월해서 이런 제재 규정이 있다는 것만으로도 협력 관계가 월등히 좋아진다. 다시 말해 공공재로 들어오는 돈이 월등히 많아진다. 제재를 가하는 플레이어는 자신의 판돈을 내면서까지 공정하지 않은 플레이어를 처벌한다. 돈을 잃는 데서 오는 불만보다 공정하지 않은 플레이어를 처벌하는 데서 오는 만족감이 더 크기 때문이고, 인간의 이러한 성향은 신경과학 연구에서도 증명된 바 있다.[147]

그렇다면 우리는 결국 처벌과 제재를 통해야만 목표에 도달할 수 있다는 말인가? 효과적인 집단행동을 가능하게 하려면 기후파괴자를 개인이든 국가든 제재해야만 하는 걸까? 이 질문에 대한 대답은 참 쉽지 않다. 무엇보다 제재 방식의 실행이 어렵고 또 비싸다. 누가 언제 제재를 가하고 제재 받았다고 벌금을 낼 사람은 또 누구인가? 어떤 기관이 필요한가? 제재는 애초에 윤리적으로 정당한가? 정당하다고 누가 결정할 수 있는가? 출근하는 데 꼭 차가 필요한 사람조차 자동차를 소유했다고 비싼 세금으로 제재를 받아야 할까? 화력발전소에 의존한다고 저개발 국가를 제재해야 하는가? 화력발전소를 건설한다고 중국을 제재해야 하는가?(지정학적으로 이것이 가능하기나 한가?) 위협과 제재로 과연 국제 탄소세가 발효될 수 있을까? 이것은 이 책의 주제에서는 벗어나지만 매우 필요하고 흥미로운 질문들이 아닐 수 없다.

다시 이 책의 주제로 돌아와서 제재의 심리적인 측면을 살펴보자. 금전적 제제는 협력을 위한 다른 동기들을 무효화 할 수 있으므로 문제가 될 수 있다(이것은 앞에서 어린이집 사례 등으로 살펴본 바 있다). 그런데 제재와 그에 대한 반발에는 문화적인 요소도 관계한다. 공공재 게임 실험은 다양한 문화적 배경 속에서 이루어졌다. 서유럽, 미국, 호주뿐만 아니라 중국과 일본에서도 제재 규칙을 도입했을 때 상대적으로 분명한 효과를 볼 수 있었다. 다시 말해 협력 의지가 눈에 띄게 높아졌다.

하지만 이런 제재 메커니즘이 그다지 효과가 없거나 전혀 효과가 없는 그리스나 아랍 국가 같은 나라들도 있다. 어떤 실험에서는 심지어 돈을 낸 사람이 돈을 내지 않는 사람과 똑같이 강한 제재를 받았다. 언뜻 들으면 이상하게 들리지만 그 이유는 간단했다. 일단 공동 냄비에 돈을 낸 참가자가 무임승차자를 처벌한다. 그럼 무임승차자는 반성하고 다음에 돈을 내는 것이 아니라 자신을 처벌한 참가자를 처벌하는 것으로 복수한다.[148] 그러니까 제재 메커니즘이 여기서는 더 좋은 협력이 아니라 반사회적 처벌을 부른 셈이다.

상호 불신과 기관에 대한 불신이 강한 문화 혹은 협력에 대해 다른 시각을 가진 문화적 문맥이라면 이런 제재가 긍정적인 결과를 부르지 못한다. 다시 말해 제재 메커니즘은 협력이 강한 사회적 규범으로 이미 자리 잡은 곳에서만 잘 작동한다. 그러므로 이것이 전 세계적으로 좋은 메커니즘인지는 여전히 의심스럽다.

그러나 다른 나라를 비난하는 것이 개인적인 기후파괴적 행동에 쓸 수 있는 아주 유용한 변명인 데는 의심의 여지가 없다. '중국과 인도가 수십억 국민을 위해 화력발전소를 세우고 있는데 우리가 여기서 풍력발전기나 작은 태양광 발전소 하나 더 세운다고 무슨 소용이 있겠는가?'라고 생각하는 것이다. 심지어 중국과 인도가 향후 10년 동안 탈탄소 목표에 매진한다고 해도 무임승차 전략으로 기후를 파괴하고 관련 조약들을 무시하는 다른 나라 혹은 사람을 늘 또 찾아내고 말 것이다.

다른 나라들이 기후보호에 진심이 아닌데 왜 우리만 그래야 하는가? 게임 이론에 따르면 이런 변명은 상대적으로 쉽게 반박된다. 이미 언급했듯이 유명한 죄수의 딜레마에서 가장 성공적인 전략은 조건부 협력, 즉 받는 대로 갚아주기 전략이다. 문제는 가장 첫 만남에서 가장 의미 있는 선택지가 무엇이냐다. 협력일까 아니면 이기주의일까?

고전적인 조건부 협력 상황에서 첫 단계는 항상 상호 협력을 목표로 해야 한다. 처음부터 이기적으로 나오는 적대적인 전략과 비교해보면 호의적인 전략이 훨씬 성공적인 전략이다. 게임 이론에 따르면 딜레마 상황에서 다른 사람이 시작하기를 기다리는 것보다 먼저 시작하는 게 채산에 더 맞다. 단기적으로 조금 손해를 보더라도 장기적으로는 (조건부) 협력이 더 나은 것이다.

환경 원시, 딜레마
그리고 공공재

환경 원시는 가까운 곳의 환경 문제보다 먼 나라의 환경 문제를 더 심각하게 인식하는 우리의 경향을 빗댄 말이다. 이렇게 인식할 때 우리는 환경 문제와 심리적 거리를 유지할 수 있다. 우리는 먼 나라 아프리카의 유독성 폐기물 쓰레기장에 대한 책임은 지고 싶지 않다. 그것이 유럽이 갖다 버린 쓰레기임에도 말이다.

사회적 딜레마란 개인적인 이익과 집단적인 이익이 서로 상충하는 상황을 뜻한다. 개인적인 효율의 극대화가 집단적으로는 손해를 부르는 상황이다. 이때는 집단행동으로 사회적 딜레마를 해결해야 한다. 다른 행위자가 똑같이 전략을 변경하지 않는 한 어느 행위자도 자신의 상황을 바꿀 수 없는 특정 상황(내시 균형)들이 있다. 이럴 때는 집단행동을 통해서만 모두에게 가장 좋은 상태(파레토 최적)에 도달할 수 있다.

공공재는 말 그대로 모두에게 속하는 재화다. 신선한 공기, 대양의 어장, 공동의 방목지 등이 그렇다. 이런 재화는 종종 과용되기도 하는데 이것도 사회적 딜레마가 그 원인일 때가 많다. 노벨 경제학상 수상자 엘리너 오스트롬은 이런 공공재를 어떻게 지속 가능한 방식으로 성공적으로 관리할 수 있는지 집중 연구했다.[149] 소규모 공공재라면 특정 전제들을 만들 때 성공적인 관리가 충분히 가능하다. 하지만 기후 같은 세계적인 공공재라면 매우 어려워진다.

더 이상
듣고 싶지 않아

흡연이 건강에 해롭다는 글을 끊임없이 읽어야 하는 애연가들은
대부분 담배를 끊는 것이 아니라 읽기를 그만둔다.

윈스턴 처칠, 정치가

"기후변화 때문에 세계적 기근이 늘고 있다." "빙하를 저속 촬영하면 재앙이 일어나고 있음이 보인다." "산호초가 조만간 완전히 파괴될 것이다." "기후변화가 해충 번식을 부른다." "유럽에 말라리아와 댕기열을 옮기는 곤충들이 생겨났다." "토착 동물들이 멸종되고 있다." 이것은 지난 몇 년 동안 기후변화가 준 수많은 헤드라인 중의 단 일부에 불과하다. 매번 더 심각한 기사가 나오며, 이를 종합하면 지금 세계적으로 생물과 빙하가 사라지고 해충과 열대 풍토병들이 퍼지고 자연의 아름다움이 파괴되고 점점 더 많은 인구가 기아에 허덕이고 있다.

이제 솔직히 말해보자. 이런 말을 들으면 기분이 어떤가?

아주 불안한가? 걱정되나? 아니면 어쩌라고 하는 심정으로 그냥 어깨 한번 들썩이고 마는가? 다양한 반응이 나올 테지만 이미 설명했듯이 기후변화에 감정적인 거리를 두는 사람이 적지 않다. 불안증을 일으키는 기후변화 소식들이 미디어에 출몰한 지는 이미 오래되었고 우리는 그때마다 강하게 혹은 약하게 반응한다. 선정적인 헤드라인을 읽고, 과학자들이 보내는 진지한 경고를 듣고, 인터넷과 텔레비전의 시위 현장을 따라가고, 기후보호 기구들의 감정적인 호소도 듣는다. 하지만 걱정에도 한계가 있어서 〈변명 8〉에서도 살펴봤듯이 계속 걱정만 하고 있을 수는 없다. 그래서 우리는 다양한 전략을 쓰며 감정적 스트레스를 주는 주제들을 멀리한다. 단지 무시하거나 농담하며 넘겨버리는 것도 그 한 방법이다. 윈스턴 처칠이 흡연이 얼마나 해로운지 더 이상 알고 싶지 않아 했던 것처럼 우리도 때로는 기후변화에 대해 그냥 더는 듣고 싶지 않은 것이다.

누군가가 감정적인 호소를 해오면 우리는 보통 관심을 보인다. 이것은 미디어 산업 종사자들이 잘 알고 있는 사실이다. 황색 미디어라면 헤드라인이 감정적일수록 더 좋아하는 것 같다. "기후변화로 식물군의 변화가 예상된다" 같은 헤드라인은 우리를 생각하고 분석하게는 하지만 시청률의 견인차가 되지는 못한다. 반면 "토착 동물의 생태계가 위협받고 있다"

같은 헤드라인은 우리의 감정을 건드리고 주의를 집중시킨다. 하지만 이것도 그저 단기간만 그렇다. 흥분은 잦아들기 마련이다. 해당 주제에 계속 몰두해야 하는 직접적인 이유가 없다면 관심은 금방 다른 곳으로 옮겨간다. 매체를 통해서든 혹은 직접적이든 부정적인 시나리오에 오랫동안 노출될 때 우리는 조금씩 무뎌질 수밖에 없다. 이런 사실은 미디어들이 앞다투어 전쟁 발발 소식을 보도할 때 잘 관찰된다. 우리는 일단 감전이라도 된 듯 새 소식에 집중하지만 대개 하루 이틀만 그렇다. 국내 정치에서 부패 스캔들이 터지면 어떤가? 며칠 흥분하지만 세부 사항들이 하나씩 밝혀질수록 흥미는 점점 떨어진다. 코로나 팬데믹이 시작되고 처음 봉쇄가 시작됐을 때 우리는 얼마나 흥분했는가? 나중에 2차 봉쇄 때는 그렇게 흥분하지 않았다. 이러한 감정적 둔화는 일반 미디어 소비자는 물론이고 전쟁 지역이나 정서적으로 극한 상황에 반복적으로 노출된 사람들도 마찬가지다.

감정이 오래 지속되거나 심지어 더 강해지는 상황도 분명히 있기는 하다. 하지만 개인적으로 매우 중요하게 생각하는 일일 때만 그렇다. 아니면 서로 감정을 공유하는 군중 속에 있을 때가 그렇다. 특정 주제에 대한 사회적 상호 작용이 감정을 오래 지속시키는 것을 우리는 정기적인 기후 시위와 팬데믹 조치에 대한 항의 시위에서 이것을 분명히 보았다. 감정은 연쇄반응처럼 상호 고조를 부른다. 이것을 심리적 전염(혹은 사회적 전염)이라고 한다.[150] 감정은 온라인 채널에서도 전염된다. 꼭 직접 만나야 분노와 기쁨이 전달되는 것은 아니다. 분노, 거부, 항의 등은 서로 독려할 때 그 감정적 참여가 지속된다. 심리적 전염 대상이 아닌 외부인이 이런 감정적 공유를 이해하기는 어렵다. 개인적으로 그다지 중요하지 않은 문제일 때는 더 그렇다.

대다수 사람에게 기후변화는 개인적으로 중요하게 생각하는 것들 목록에 최상위 자리를 차지하지는 않는다. 따라서 재차 공포스러운 기후변화 메시지나 감정에 호소하며 재차 들리는 말들이 우리를 크게 흔들어 놓지는 못한다. 아마도 가볍게 어깨 한번 들썩이거나 약간 불편한 듯 듣기만 할 것이다. 한낱 개인으로서는 아무것도 할 수 없다는 무력감까지 더해지면 당연히 이런 무뎌진 감정은 '더 이상 듣고 싶지 않아'로 이어질 수도 있다. 과학자들은 기후가 어떻게 되어 가고 있는지 정말 제대로 알고 있는 걸까? 우리 모두 잘 알고 있듯이 확실한 건 죽음밖에 없지 않은가 말이다.

기후변화에 대한 정보 소통

최근 몇 년 동안 기후위기를 더 많은 대중에게 알리는 일이 점점 더 어렵게 되었다. 인지 편향, 오해, 사회적 정체성, 기존의 사회적 규범, 관심 부족, 둔감화 그리고 이 책에서 다루고 있는 다양한 변명들(혹은 문제들) 탓에 대중의 관심을 끌어내기가 과연 쉽지 않다.

그럼에도 관심을 불러일으키는 데 도움이 될 참고 사이트들은 있다. 클리마팍텐(klimafakten.de)이나 클리마코뮤니카치온(klima-kommunikation.at) 같은 사이트의 정보를 추천한다. 열대 우림 재단인 오로 베르데(OroVerde)는 기후변화와 지속 가능성을 이야기할 때 어떤 함정에 빠지지 말아야 하는지에 대한 일련의 좋은 팁을 제공한다.[151] 에코아메리카(EcoAmerica) 재단도 환경 결정 연구 센터와 함께 영어로 된 보다 자세한 지침서를 인쇄 배포하고 있다.[152] 다 무료 자료들이다.

확실한 건
죽음뿐

확실한 것만 같은 모든 것이 확실히 틀렸다.

르네 데카르트, 철학자

2018년 11월 오스트리아 로또 당첨 예상금이 기록적으로 높아진 적이 있다. 7회 동안이나 당첨자가 나오지 않았으므로 숫자 6개만 제대로 긁으면 무려 1,500만 유로(약 200억 원)를 만질 수 있었다. 전국이 로또 열병에 걸렸고 은퇴한 내 지인도 예외는 아니었다. 그는 복권을 사본 적이 한 번도 없었지만 이번에는 예외적으로 유혹에 굴복해보기로 했다. 그리고 추첨 전날 밤 그는 인생 최악의 밤을 보내야 했다. 밤새도록 생각이 꼬리에 꼬리를 물어서 한숨도 잘 수 없었다. '진짜 당첨되면 어떻게 하지?' 하는 생각뿐이었다. 그럼 인생이 바뀔 것 같은데 그 돈으로 무엇을 해야 할지 몰랐다. 잠을 못 자서 피곤했던 그는 새벽이 되자 이제 조용한 인생은 끝난 거라고 확신했다. 그리고 그날 저녁 복권 번호 추첨에서 줄 번호 하나만 제대로 맞춘 덕분에 1유로를 받게 되었다. 살면서 그는 그때만큼 안도했던 적이 없었다.

어쩌면 이 이야기에서 당신도 자신의 모습을 조금 봤을지도 모르겠다. 인간은 확률을 잘 따지지 못한다. 우리는 흔치 않은 사건은 일어날 것으로 보고, 흔한 사건은 일어나지 않을 것으로 보는 경향이 있다. 45개 숫자에서 정확하게 6개의 숫자를 맞출 확률은 800만 분의 1이고 49개 숫자에서 정확하게 6개의 숫자를 맞출 확률은 1,400만 분의 1이다. 너무도 빈약한 가능성이지만 로또가 당첨되는 상황을 자세히 상상할 수밖에 없다. 우리는 개연성은 무시하고 가능성만 생각한다. 그리고 구체적으로 상상하면 할수록 그 가능성은 더욱더 커지는 것 같다. 실제로 일어날 가능성이 전혀 없다고 해도 말이다. 이것은 부정적인 일에서도 마찬가지다. 숫자와 개연성에 관해서라면 직관은 믿을 게 못 된다. 우리는 다른 사람들과 개연성에 대해 따지고 나서야 조금 합리적이 된다.[153]

이른바 조건부 확률(어떤 사건이 일어났다는 가정 아래 다른 어떤 사건이 일어날 확률—옮긴이)에 관해서라면 직관은 더 무능해진다. 왜 그런지 다음 수수께끼로 자세히 알아보자.[154]

정체 모를 유조선이 덕버그만Duckburg(만화 도널드 덕에 나오는 가상의 배경-옮긴이)에 기름띠를 만들었다. 덕버그만에서는 해운회사 두 곳이 운영된다. 하나는 녹색 배를 운항하고 다른 하나는 청색 배를 운항한다. 유막이 깔린 지역에는 녹색 유조선 85척, 청색 유조선 15척이 있었다. 그렇다면 기름띠를 만든 유조선이 청색일 확률은 얼마일까?

이것은 쉽다. 유조선의 색깔 외에 다른 정보가 없다면 알다시피 정답은 15퍼센트다. 그런데 다음 정보가 하나 더 추가되면 어떨까?[155]

유막이 깔린 지역에 녹색 유조선 85척, 청색 유조선 15척이 있었다. 어부 1명이 문제의 그날 아침 기름띠가 있는 곳에서 청색 배를 1척 보았다고 신고했다. 그 목격자가 이른 아침에 녹색과 청색을 얼마나 정확히 구분할 수 있는지에 대한 시각 실험이 있었다. 그 결과 그의 말이 맞을 확률이 80퍼센트고, 틀릴 확률이 20퍼센트다. 그럼 이제 기름띠를 만든 유조선이 청색일 확률은 얼마인가?

이제 문제가 어려워지기 시작한다. 학생들에게 이 문제를 내보면 대체로 다음 세 가지 대답을 순서대로 듣게 된다. 80퍼센트(이 경우 85퍼센트의 배가 녹색임은 무시된다), 15퍼센트

(이것은 목격자가 제대로 볼 가능성이 80퍼센트임을 고려하지 않은 것
이다), 12퍼센트(이것은 80퍼센트와 15퍼센트를 곱한 것이다). 모두
틀렸다. 정답은 41퍼센트다. 지금 놀란 표정을 지어도 된다.
직관적으로 정답을 알 수는 없으니까 말이다. 이것은 조건부
확률을 공부하지 않은 사람은 잘 알 수 없는 문제다. 여기서
스스로 왜 이런 답이 나오는지 생각해보기 바란다. 그 정답을
알아내는 방법은 이 장 끝에 설명해뒀다.

복권과 기름띠로 잠시 빠져보았으니 다시 우리의 주제로
돌아가보자. 기후변화에 대한 불확실성 혹은 확률은 우리 생
각에 어떤 영향을 주는가? 기후변화와 그 영향에 대해서도
우리는 자주 확률을 이야기한다. 기후변화에 관한 정부간 협
의체IPCC는 정기 상황 보고에서 늘 확률을 말해주고 변동폭을
제공하려 한다. 그렇지 않으면 신뢰성이 없어지기 때문이다.
모든 예측에는 많든 적든 오류 가능성이 존재하며 IPCC는
이런 오류 가능성을 투명하고 명확하게 제시하려고 노력한다.
그래서 표현에 있어 '사실상 확실한(99~100퍼센트)' '거의 확실
한(90~100퍼센트) '가능한(66~100퍼센트)' '아닐 가능성이 거의
큰(33~66퍼센트)' 같은 말을 쓴다. 의사 결정자들을 위한 IPCC
최신 상황 보고를 요약하면 이런 식이다. "인간에 의한 영향
으로 빙하가 줄어들고 있고, 해수면이 오르고 있음이 거의 확
실하다." "게다가 인간에 의한 영향으로 1950년 이래 복합 기

상 이변의 수가 증가했을 가능성이 있다."

과학적 연구에서 불확실성의 정도를 제시하는 것은 기본 중 기본이고 기후 같은 복잡한 체계를 다루는 연구라면 더더욱 그렇다. 이렇게 불확실성의 정도를 제시하면서 불확실성을 최소화하거나 정량화하기 위해 추가 연구가 필요한 부분도 공개하는데 이것은 좋은 과학적 관행이다. 하지만 일반인들은 건성으로만 듣는 경우가 많으므로 안타깝게도 이 모든 발표가 "과학자들도 확신하지 못한다"라는 말로 들린다. 불확실성의 정량화는 사실 단지 변동폭을 알려주기 위해서인데 과학자들이 갈피를 잡지 못하고 있는 것으로 오해한다.

코로나 팬데믹 때 우리는 확률의 의미를 제대로 전달하는 것이 얼마나 어려운 일인지 경험했다. 인간은 이야기와 달리 숫자는 그다지 잘 소화하지 못한다. 코로나 백신이 막 배포되었을 때 백신이 치명적인 혈전증을 유발할 수 있다는, 공포를 유발하는 보도가 있었다. 실질적이지만 추상적으로 느껴지는 혈전증 위험이 0.0002퍼센트라는 사실보다 두 자녀를 둔 42세 어머니가 생사를 달리했다는 비극적인 이야기가 우리에게는 더 크게 다가왔다.[156] 아주 낮은 가능성은 극도로 과대평가되고 아주 높은 가능성은 과소평가 되기도 했다. "백신 효과가 80퍼센트밖에 안 된다고? 그럼 의미 없는 거 아닌가! 거기다 혈전증 위험까지 높은 거잖아!" 실제로 나는 심각하게 이렇게 말하는 사람들을 꽤 많이 만났는데 당신은 어땠는지 모르겠다.

우리 인간은 분명한 사실과 확실성을 좋아한다. 때로는 80퍼센트 확실성으로도 부족하고 0.0002퍼센트의 불확실성조차 너무 크게 느껴진다. 아주 작은 위험에는 공포에 떨면서 아주 높은 위험에는 단지 어깨만 한 번 으쓱하기도 한다. 여기에 기후학자 한스 요하임 셸른후버Hans Joachim Schellnhuber는 "우리는 98퍼센트 사고가 날 것이 분명한 지구라는 학교 버스에 우리 아이들을 태우고 있다." 하고 통렬한 말을 한 적이 있다. 혈전증을 일으킬 위험 0.0002퍼센트 때문에 백신을 사악한 물질로 치부하는 사람 중에는 셸른후버의 이런 말이 "불안과 공포를 조장한다"라고 말하는 사람도 있을 것이다. 개인의 세계관도 백신에 관해서든 기후변화에 관해서든 위험 인식도에 영향을 준다. 기후변화의 결과를 누군가가 직접 겪은 이야기도 분명 다음 10년 동안 기온이 얼마나 올라갈 것인가에 대한 추상적인 예측보다 위험 인식도를 더 높이고 더 많은 사람에게 가닿을 것이다.[157]

독일 심리학자 게르트 기거렌처Gerd Gigerenzer와 연구팀은 사람들이 위험을 인식하는 방법을 철저히 조사했고 유사한 사례들을 대거 문서화했다. 911 테러 후 미국에서는 사람들이 비행기를 기피한 탓에 교통 체증이 심해졌다. 이것은 기후에는 아주 조금 좋았지만 자동차 운전자에게는 비교할 수도 없이 더 위험한 일이었다. 당시 비행기 기피 현상 탓에 911 테러로 사망한 사람보다 자동차 사고로 죽은 사람의 숫자가 더 많은 것으로 드러났으니까 말이다.[158] 또 이런 예도 있다. 1995년에 차세대 피임약이 혈전증을 100퍼센트 더 일으킨다는 보도가 있었다. 이것은 느낌상 차세대 피임약을 복용하면 100퍼센트 혈전증에 걸린다는 말처럼 들린다. 하지만 여기서 100퍼센트란 혈전증 증가율이 그렇다는 것이고 위험률이 두 배가 되었다는 뜻이다. 절대 수치는 그 정도로 걱정스럽지는 않았다. 이전의 피임약은 7,000명 중 1명이 혈전증에 걸린다면 차세대 피임약은 7,000명 중 2명이 걸린다는 뜻이니까 말이다. 하지만 피임약 없이 하는 섹스가 늘었고 그 결과 이듬해 영국과 웨일즈에서는 13,000건의 추가 낙태가 있었던 것으로 추정된다.[159] 이렇듯 위험의 정도, 불확실성, 확률은 심각한 오해를 부를 수 있다. 직관적으로 쉽게 이해할 수 없고 사람들 대부분은 이런 개념들을 이해하는 법을 배운 적이 없기 때문이다.

위험률을 잘 인지할 때 기후변화를 더 잘 분석할 수 있다. 인간이 기후변화를 일으켰음은 과학적으로 논쟁의 여지가 없지만 그 세부 사항과 무엇보다 앞으로의 예측에는 불확실성이 존재한다. 기후변화가 우리의 생활 영역에 정확히 언제, 어

떻게 영향을 발휘할 것인가에 대해서도 확실히 말할 수 없다. 이것은 심리적으로 언제나 확실성이 필요한 우리에게는 좋은 소식이 아니다. 이제 우리는 직관적으로 이렇게 이해한다. '확실하게 말할 수 없으면 확실하지 않은 것이고 기껏해야 가능한 일이라는 정도겠네. 그런데 단지 '가능'한 일이라면 그건 안 그럴 수도 있다는 뜻 아닐까?' 하고 이렇게 기후변화를 심각하게 받아들이지 않아도 되는 완벽한 조건이 계속 유지된다. 확실한 건 죽음밖에 없으니까 말이다.

반면 우리는 기후 재해는 받아들인다. 그리고 어쩌면 심지어 즐길지도 모른다.

숫자와 확률을 왜곡 인식하는 우리

위험성? 불확실성?

과학 언어와 일반 사람들의 언어는 서로 달라서 오해를 부를 수 있다. 일반 어법에서 위험이란 무언가 위태롭다는 뜻이고, 불확실이란 모른다는 뜻이고, 무능하다는 뜻이며, 자신감이 없다는 뜻이다. 하지만 과학에서 위험성과 불확실성은 다른 의미를 지닌다. 과학에서 위험성이란 일어날 확률과 그 영향력을 곱한 것이다. 여기서는 일어날 확률과 그 영향력이 잘 알려져 있다. 불확실성은 정확한 일어날 확률 혹은 정확한 영향력이 알려지지 않았을 때 생긴다. 과학 언어에서 불확실성은 모른다는 뜻이 아니다. 정확한 값 없이 대충의 크기만 알아도 불확실성이라고 표현한다. 따라서 로또는 당첨금과 당첨될 확률이 정확하게 나와 있으므로 위험성을 말하게 되어 있고, 반면 기후 체계나 생태계 같은 복잡한 문제는 불확실성을 말하게 되어 있다.

절대 확률과 상대 확률

확률이 변할 때 상댓값이 제공되는 경우가 많다. 이것은 절댓값이 아주 적을 때 극단적인 오해를 부를 수 있다. 예를 들어 당신은 지난달에 소고기 스테이크를 1번(절댓값) 먹었고 이달에 2번(절댓값) 먹었다. 이때 당신의 스테이크 소비는 100퍼센트(상댓값) 상승한 것이다. 100퍼센트 상승이라는 말만 들으면 마치 당신은 갑자기 더할 수 없는 기후파괴자가 된 것 같다! 반면 지난달에 스테이크를 10번(절댓값) 먹었는데 이달에 9번(절댓값) 먹었다면 상댓값 10퍼센트가 내려간 것이다. 그래도 나는 "아주 모범적이십니다"라고 할 것이다. 그럼 당신이 "상대값이 아닌 절댓값을 봐야 합니다"라고 말하길 바란다.

게르트 기거렌처는 여러 책[160]과 테드TED 강의에서[161] 위험성을 알아차리는 지능과 직관에 대해 열심히 설파하고 있다. 여기서 내가 몇 페이지로 설명하고 끝내기에는 너무 흥미로운 주제니 관심이 있다면 찾아보기를 바란다.

조건부 확률과 유조선 수수께끼의 답

기름띠 수수께끼에서 우리는 유조선의 분배 상황(녹색 85척, 청색 15척)과 목격자 목격의 정확성(정확히 목격할 가능성 80퍼센트, 틀리게 목격할 가능성 20퍼센트)이라는 두 가지 정보를 종합해야 하는데 그 과정은 다음과 같다.

- 목격자는 녹색 유조선 85척 중 68척을 정확하게 녹색으로 알아차릴 수 있다(85x0.8=68).
- 목격자는 녹색 유조선 85척 중 17척을 청색으로 잘못 알아차릴 수 있다(85x0.2=17).
- 목격자는 청색 유조선 15척 중 12척을 정확하게 청색으로 알아차릴 수 있다(15x0.8=12)
- 목격자는 청색 유조선 15척 중 3척을 녹색으로 잘못 알아차릴 수 있다(15x0.2=3)
- 그러므로 합계 29척(17+12=29)이 청색으로 보일 수 있다.

이 29척 중에 단지 12척만이 실제로 청색이므로 확률(답)은 41퍼센트(12÷29)이다. 이에 대한 우아한 수학 공식도 있지만 그것은 생략하겠다. 관심이 있다면 믿을 만한 수학책을 찾아보기 바란다.

21

나는 기후 재해를
즐긴다

희망은 없지만 심각하지는 않으니까.

알프레드 폴가(Alfred Polgar(의 말로 추정), 칼럼니스트

때로 나는 우리가 기후위기에 놀랍도록 개의치 않아 한다는 인상을 지울 수 없다. 우리는 기후 재해 따위 걱정하지 않으며 태평하게 차를 몰고 다니고 비행기를 타고 물건을 소비하는, 이른바 기후파괴적인 존재의 참을 수 없는 가벼움에 몰두한다. 이는 단지 매번 무언가 결정을 내려야 할 때마다 기후에 미칠 영향을 생각하는 것보다 태평한 라이프스타일이 더 즐겁기 때문이다.

그런데 기후위기 자체도 즐거움과 연결될 수 있지 않을까? 재앙을 부르는 행동을 대놓고 즐기는 사람들을 보면 이런 의문이 들기도 한다. 관련해서 적어도 인문 지리학자 에릭 스윈기도우Erik Swyngedouw가 문제를 제기한 여러 정황들이 있다.[162] 스

윈기도우에 따르면 우리는 지구 행성과 그 자연의 파괴를 일
개 종으로서 인간이 갖는 권력 느낌의 궁극적 현현으로 받아들
일 수 있다. 이런 권력을 쥔 느낌은 원초적인 연상과 그에 따른
짜릿한 즐거움을 동반하기도 한다. 그 대표적인 예로 스윈기도
우는 '드릴, 베이비, 드릴Drill, Baby, drill' 슬로건을 제시한다. 바로
2008년 미국 대통령 선거에서 공화당 급진파 부통령 후보자
사라 페일린Sarah Palin이 말해 주목을 끈 슬로건이다. 페일린은
당연히 석유 시추 증대 문제와 관련해 이런 말을 했지만 원초
적인 다른 의미도 염두에 두었음은 충분히 짐작할 수 있다. 페

일린은 부통령 후보 TV 토론에서 한 번 더 이 슬로건을 언급했고 그 후 더 원초적인 패러디가 등장하기도 했다.

그런데 스윈기도우에 따르면 기후와 생태계의 '원초적'인 파괴만이 아니라 기후파괴적인 행위를 그만두는 것이나 기후보호 활동은 물론 심지어 채식주의조차 즐거움과 연관될 수 있다. 기후와 관련된 과격한 기사 헤드라인을 만드는 것도 마찬가지다. 이 모든 것에서 우리는 어느 정도 일종의 만족감을 느낀다. 이렇게 기후위기는 관련자 모두에게 약간의 즐거움을 선사한다. 냉소적으로 말해 기후위기가 없다면 심지어 만들어내야 할 판이다.

기후위기를 설명하는 이런 정신분석적 접근 방식이 재미있다고 생각하지만, 일과 관련해서는 그다지 해당 사항이 없는 듯하다(물론 내가 정신 분석에 대해서 전문지식이 부족함도 인정한다). 어쨌든 기후학자와 환경 연구자들이 때때로 매우 진지할 수밖에 없는 자신들의 일에서 즐거움을 찾는다는 증거는 전혀 찾아볼 수 없다. 암울한 연구 결과들에 따르면 이들은 즐겁기는커녕 자기감정 외면하기, 객관성과 합리성 지나치게 강조하기[163], 고통스러운 감정 억제하기, 억지스러운 익살부리기[164] 등의 대처 전략을 지나치게 사용하고 있다. 이들의 상황도 절망적이지만 완전히 심각하지는 않다고나 할까? 이런 대처-고립 전략들은 감정 소모가 큰 일을 매일 해야 하는 사람들이 흔히 쓰는 전략이다. 여기서 즐거움은 거의 찾아볼 수 없다.

그럼 이제 "그런데 기후 시위에 나온 사람들은 무슨 축제에 온 것 같잖아요!" 같은 말에 대해 생각해봐야 할 것 같다. 이것도 재해을 즐기고 기뻐하는 걸까? 꼭 그렇지는 않다. 감정적, 사회적 교류가 이루어지는 시위에서는 긍정적이고 서로 격려하는 분위기가 고조될 수 있으며 그래서 만들어지는 시위 참석자들 간의 공동체 의식이 외부인들이 봤을 때 축제 같을 수는 있다. 나는 이것이 비판받아야 한다고 보지는 않는다. 장례식 같은 기후 파업이라면 사람들은 더 기피할 것이다. 게다가 우울한 분위기가 바탕이 될 때는 앞으로 나아가기 어렵다. 앞으로 나아가기 위해서는 긍정적인 정서가 필요하다.(〈변명 11〉참조)

시위만이 아니라 곧 일어날 혹은 방금 일어난 재해도 때로 활력과 자극을 주는 것 같다. 인간은 진화 과정에서 긴급상황에 대처할 수 있는 메커니즘을 자연스럽게 갖추게 되었다. 재해에 직면했을 때 불안에 떨며 응시만 하는 것은 좋은 선택이 아니다. 악천우만 겪어도 소름이 돋고 홍수나 산사태는 언제나 흥분을 동반한다. 큰 재앙이 닥치면 정신이 번쩍 들고 감정이 격앙되며 새롭게 도착하는 정보들을 재빨리 흡수하고 다른 사람들과 나눠야 한다는 압박을 받는다.

그래서 재해는 작은 규모라도 사람들을 하나로 묶어준다.

옆 동네에 홍수가 났다면 주변의 모든 동네 및 자원봉사자들이 도움의 손길을 내밀고 짧은 기간일지언정 연대감이 치솟는다. 먼 나라에서 발생하는 큰 지진 같은 재앙에도 기부를 하는 등 많은 사람이 도움의 손길을 내민다. 반면 재해 지역에서의 약탈 행위는 사람들이 비밀리에 추측하기는 하겠지만 매우 드물게 발생한다. 혼란을 틈타 관련 루머들이 빠르게 입소문을 타지만 나중에 보면 대개 틀린 정보거나 과장된 경우가 많다.[165]

이렇게 볼 때 재해는 대체로 우리의 가장 선한 모습을 깨워준다. 그렇다고 낙관적일 수만은 없다. 기후 재해는 눈에 덜 띄고 살금살금 다가오기 때문에 다른 갑자기 일어나는 자연재해와 다르다. 그리고 유감스럽게도 재해를 통한 단결은 대개 재해가 이미 일어났고 피해가 눈에 보여야만 일어난다. 그러나 기후변화에 관해서는 최악의 결과가 발생하기 전에, 적어도 궁극적인 재앙을 늦지 않게 피할 수 있는 때에 모두 단결해 행동을 취하는 것이 지금으로서는 가장 이상적이다.

추측하건대 우리 중 기후 재해를 경험하고 싶은 사람은 없을 것이다. 재해는 그것이 일어나지 않는다는 전제 하에서만 즐길 수 있다. 하지만 재해가 일어나지 않게 하려면 문제의식, 지식, 행동 변화, 협력, 노력이 필요하고 그만큼 기후친화적인 기술도 필요하다.

22

신기술이
구해줄 거야

나는 기후변화는 미래의 일이고 그때까지 이 문제를 해결할 기술이
개발될 거라고 말하는 사람을 좋아하지 않는다.

아놀드 슈워제네거 Arnold Schwarzenegger[166]

어떤 사람이 차가운 음료를 마신 후 "수소 에너지, 이게 미래
해결책이야." 하고 말했다. 석기 시대가 곧 도래할 것에 대한
두려움을 토로하던 어느 정치인이 "기술 혁신만이 길입니다."
라고 말했다. 하지만 기후위기 극복의 문제라면 기술에 대한
이런 순진한 믿음으로는 아무래도 부족하다.[167] 기술 옹호론
자 배우 아놀드 슈워제네거도 이제는 이런 점을 잘 알고 있다.

신기술이 다 바로잡아줄 것이라는 낙관론은 더할 수 없이
편리하고 그래서 훌륭한 변명이 된다. 심리학적으로 볼 때 이
것은 이른바 현상 유지 편향이라고 할 수 있다.[168] 우리는 모
든 것이 어느 정도 현재 상태를 유지하기를 바라고, 변화를 기
본적으로 나쁜 것으로 느끼는 경향이 있다. 온전한 미지의 것

보다는 차라리 낮익은 불행이 더 낫다.[169] 여기에 이른바 소유 효과와 손실 회피 경향도 추가된다. 즉 우리는 이미 가진 것을 더 소중하게 평가하고 그것을 잃기 싫어하는 경향이 있다. 자동차와 육식 같은 습관을 버리지 못하는 것도 이미 소유한 것을 잃기 싫기 때문이다.

수소 에너지 같은 신기술을 대거 이용할 수 있어서 자동차 기름 대신 수소를 쓸 수 있다면 사실상 우리는 변하지 않아도 된다. 지금까지 그랬던 것처럼 주차하고 교통 체증을 견디고 드문드문 운전하는 일을 계속하되 단지 연료만 다른 걸 쓰면 된다. 큰 변화를 주지 않아도 되는 기술적 해결은 당연히 자동차 산업 선도자들에게도 더 좋다. 액티브 모빌리티, 대중교통, 공유 교통 수단shared Mobility은 전동식 개인 교통수단을 타깃으로 하는 기존 비즈니스 모델에 위협이 될 테니까 말이다. 반면 수소 자동차 같은 기술 혁신은 기존 비즈니스 모델과 상태를 단지 조금만 바꾸면 된다.

육식에 관해서라면 문제가 조금 더 복잡해진다. 소화 과정에서 메탄가스를 덜 내뿜는 축산법이 기술적으로 그렇게 쉽지 않다. 사료에 해초를 더할 때 메탄가스 방출을 80퍼센트까지 줄일 수 있다는 연구 결과가 있지만[170] 실행은 어려운 것으로 드러났다. 축산 사료에 적합한 해초를 필요한 양만큼 대량 재배하는 일이 가능한가 하는 문제가 있다. 또 풀을 뜯어 먹는 소에게 해초 사료를 먹이는 일도 쉽지 않을 것이다. 게다가 80퍼센트 줄일 수 있다는 것도 단지 소가 소화 과정에서 내뿜는 메탄가스의 80퍼센트를 말하는 것이지 소고기 생산 과정에서 배출되는 전체 온실가스를 말하는 것은 아니다.[171] 실험실에서 생산하는 복제 고기에 대한 보도도 가끔 나오지만 과연 얼마나 기후친화적일지는 아직 알 수 없다. 실험실 고기를 사람들이 과연 즐기게 될지도 의문이다.

신기술이 실제로 기후친화적인 해결책이 될 수 있는 분야도 물론 있다. 기존의 중앙난방 시설에 화석 연료가 아니라 지열 에너지를 쓸 때가 그렇다. 이 경우 소비자는 기술 혁신에 따른 변화를 전혀 알아차리지 못하기 때문에 바라는 현 상태가 쭉 유지될 수 있으며 석기 시대가 올 것을 두려워하지 않아도 된다.

참고로 수천 년 전 석기 시대 사람들은 다행히 '현 상태'에 그렇게 연연하지 않았던 것 같다. 신기술에만 의지하지 않았고 신기술, 행동 변화 둘 다 동시에 꼭 필요한 것으로 이해했던 것 같으니까 말이다. 그렇지 않았다면 쟁기나 다른 새로운 도구(이른바 신기술)들과 함께하는 동굴 생활에 만족했을 테지 그것들을 농경지를 다듬고 도시를 설계하는 데 쓰지는 않았을 것이다.[172]

우리는 인간 행동, 기술, 사회경제적 시스템을 모두 고려해야 한다. 지속 가능성 연구자들은 그래서 이 모든 것을 고려해 최적화를 추구하는 사회기술 시스템Sociotechnical System 개념을 고안했다.[173] 신기술이라도 아무도 사용하지 않으면 기후를 살릴 수 없다. 너무 비싸 현재 시장 경제 체계에 안착할 수 없는 신기술들이 그렇다. 낡은 기술을 전면적으로 대체하지는 못하는 신기술도 기후를 살릴 수 없다. 태양열 전기 시설을 만들어도 화력발전소 네트워크가 건재한 것이 그 예다. 신기술이 너무 집약적으로 이용될 때도 자칫 역효과가 날 수 있다. 예를 들어 기술 혁신으로 탄소 배출을 절반으로 줄이는 비행기가 나타난다면 원칙적으로는 좋은 일이지만 그래서 모두가 (양심의 가책 없이) 예전보다 세 배나 더 많이 비행한다면 오히려 좋지 않다.

기후친화적인 결정에는 기후보호를 위해 기꺼이 희생하겠다는 의지가 중요하다. 의식적으로 기존의 생활 방식을 기꺼이 포기하려는 의지가 있는 사람이 실제로도 기후친화적으로 행동한다.[174] 반대로 "나는 아무것도 포기하고 싶지 않아" 같은 태도는 기후파괴적인 행동에 대해 우리가 자주 듣게 되는 변명이다(〈변명 1〉 참조).

포기 논쟁은 대개 기술적 낙관론과 직접적인 관계에 있다. 우리는 아무것도 포기하고 싶지 않다. 지금까지의 라이프스타일을 그대로 이어가고 싶다. 우리는 손실 회피 경향이 강해서

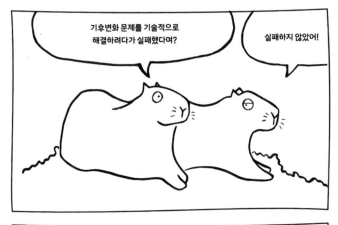

포기할 수 없다. 포기는 결국 대중이 좋아할 설득력 있는 주장이 아닌 듯하다. 반면 신기술에 대한 전망을 들으면 우리는 그 즉시 마음이 한결 편안해진다.

그런데 암스테르담에 가는 데 비행기 대신 기차를 이용하는 것이 정말 포기인가? 출근길 5킬로미터 정도를 자동차 대신 자전거로 가는 것이 정말 포기인가? 매일 고기를 먹다가 채식의 풍요로운 세상을 탐험하기 시작하는 것이 정말 포기인가? 어쩌면 그럴지도. 하지만 이것들을 다 포기가 아닌 확충으로 볼 수도 있지 않을까? 그렇다면 기후파괴적 혹은 친화적인 행동에 대한 토론이 사실 소비재와 라이프스타일의 포기에 지나치게 집중하는 면이 없지 않다. 진짜 문제는 기후보호를 포기하는 것이다.[175]

이것 또한 다른 많은 것이 그렇듯 관점의 문제다.

현 상태의 힘

현상 유지 편향이란 변화보다 현 상태를 유지하는 것을 더 선호하는 경향을 말한다. 예를 들어 도입이 예정된 보행자 구역이 도입되기 이전에는 다수에 의해 거부되다가 노 도입된 후에는 다수에 의해 지지되는 경우를 볼 수 있다. 풍력 발전 단지도 이미 생기고 나면 더 잘 받아들여진다.[176]

지속 가능성 연구는 인간 행동이 아니라 이른바 사회기술 시스템부터 분석한다.[177] 사회기술 시스템은 사회 시스템과 기술 시스템(에너지 시스템이나 식료품 생산 시스템 등) 간의 상호작용과 그 시스템들의 현재 구성과 주 행위자를 통해 발생한 경로 의존성(한번 정해진 관행이나 물건에 의존하기 시작하면 나중에 비효율적으로 되더라도 이를 벗어나지 못하는 현상–옮긴이)을 다루는 개념이다. 안정적인 사회기술 시스템은 변화에 대한 저항성이 강하며 그 결과 종종 기후파괴적인 현 상태를 고착시킨다.

X, Y가
그렇게 말했지

아무것도 모르는 사람은 뭐든 다 믿을 수밖에.

마리 폰 에브너 에셴바흐Marie von Ebner-Eschenbach, 작가

26차 유엔기후변화회의가 있기 전, 2021년 10월 호주의 스콧 모리슨Scott Morrison 총리는 호주 국민에게 호주가 2050년까지 기후 중립국이 될 것을 약속했다. 그런데 화석 연료 부분을 유지하면서 그렇게 할 것이고 '2030년 중간 목표' 같은 것도 없이 그렇게 할 것이라고 했다. 호주만의 길을 갈 것이고 호주를 이해하지 못하는 다른 나라의 말은 고려하지 않을 것이라고 했다. 여기서 나는 다음과 같은 똑같은 약속을 하나 할 수 있을 것 같다. 나는 내년까지 10킬로그램을 빼는 걸로 아주 건강해질 거야. 하지만 지금처럼 매일 디저트로 케이크를 두 조각씩 먹고 밤에는 맥주도 세 병씩 마실 거야. 그리고 내년 5월까지는 조금도 살을 빼지 않을 거야. 나는 내 방식대로 할 거

고 나를 이해하지 못하는 다른 사람 말은 듣지 않을 거야.[178]

정치인들이 하는 말에 때로 헛웃음을 짓게 된다는 게 뭐 특별한 일은 아니다. 그 주제가 기후보호라고 해도 말이다. 정치인이나 기업인들이 유권자나 소비자들을 기만하고 있다고 볼수밖에 없는 경우가 적지 않다. 이 같은 발언들이 개인의 기후파괴 행동에 대한 변명으로라도 쓰인다면 그나마 다행이라고 할 지경이다. 그런데 안타깝게도 사실 우리는 이런 기만을당하고도 자기 고양적 편향Self-serving Bias 때문에 인식하지 못할 때가 많다. 맞다, 우리는 기본적으로 자신을 똑똑하고 선한사람으로 본다. 게다가 번번이 쉽게 믿어버리는 상태에 빠진다. 우리를 기만하려는 시도가 이 호주 총리의 말처럼 항상 분명히 드러나지는 않으니까 말이다. 특히 탄소 발자국이 의심스러운 기업들이 친환경 기업으로 자신을 포장하려고 들이는많은 수고들이 그렇다. 이들은 소비자들이 대체로 정보 과잉에 시달리고 있고 다른 걱정거리도 많아서 지속 가능성과 기후 문제에 대해 자세히 알아볼 수 없다는 것을 잘 알고 있다.그래서 대충 환경·기후친화적인 척하기만 해도 충분하다고 생각한다. 기업들은 이런 유사 지속 가능성과 유사 기후친화성을 위해 자신들을 도와주는 파트너를 언제 어느 때고 쉽게 찾아낸다. 지속 가능성 장려 기업 상 혹은 지속 가능성 품질 인장 수여 등으로 도움을 주는 파트너들 말이다.

최근에도 나로서는 의심쩍다고밖에 말할 수 없는 일이 있었다. 어떤 홍보 대행사가 어느 일간지 및 시장조사기관과 합작해 기업들에 2021년 지속 가능성 상을 수여했다. 다수의 유명한 기업들과 덜 유명한 기업들이 '2021년 지속 가능성을 추구하는 회사'로 그 상을 받았다. 그 기업들에는 캡슐 커피 회사 네스프레소(알루미늄 캡슐은 탄소 발자국 면에서 기후보호에 좋지 않고 재활용률과 관련하여 독립 기관에서 확인한 수치도 없는 상태다[179]), 네스프레소의 모기업 네슬레, 오스트리아 에어라인과 유로윙스 같은 항공사(비행은 기후에 파괴적인 영향을 미친다), 오스트리아 빈 공항(시끄러운 항공기에 더 높은 운임률을 부과하며 친환경 캠페인을 자랑하는 공항), 석유 회사 OMV OpenMediaVault(화석 연료 연소도 기후에 파괴적이다), 그리고 고급 자동차 제조사 포르쉐(어떤 객관적인 기준을 따랐기에 슈퍼카가 지속 가능성에 좋은 물건이 될 수 있는지 모르겠다)가 있었다. 이들이 받은 지속 가능성 '품질 인장'에 생태학적 지속 가능성 지분은 들은 바에 따르면 단지 최대 20퍼센트 정도라고 하는데 유감스럽게도 정확한 기준은 나도 더 이상 알아낼 수 없었다. 그런데 품질 인장을 보면서 누가 그 기준까지 따지겠는가? 당신은 마트에서 물건을 사다가 어떤 상품에 붙은 인장을 보고 그게 무슨 뜻인지 찾아본 적 있는가? 만약 있다면 존경을 보낸다. 당신은 매우 소수의 의식 있는 사람에 속한다.

나는 이런 지속 가능성 상을 주는 좋은 사람들이 지속 가능성이 무엇을 의미하는지 전혀 모르거나 우리 세상 물정 모르는 지속 가능성 연구자들과는 다른 방식으로 지속 가능성을 이해하고 있다고 추측할 수밖에 없다. 오스트리아 일간지 〈쿠리에르Kurier〉는 기업들에게 최소 4,500유로를 받고 지속 가능 인증서와 1년간의 사용 권한 증명서가 포함된 인장 패키지를 제공했다.[180] 거대 기업들에게 이것은 진정한 노력 없이 고객들에게 지속 가능성을 추구하는 기업이라고 믿게 만드는 비교적 저렴한 방법이 아닐 수 없다. 그리고 단 몇천 유로의 싼값에 이런 인증을 뿌릴 수 있는 사람들에게는 참 수지맞는 사업 모델이 아닐까 한다. 그러나 내가 보기에 이것은 정직한 지속 가능성 추구 단체와 실제로 기후친화적인 기업들을 좌절하게 만드는 의도적 오도誤導이다. 이런 오도가 밝혀지면 소비자들은 지속 가능성과 기후보호 같은 문제는 다 (자본주의)시대정신을 활용한 광고 수단이므로 진지하게 받아들일 필요가 없다고 생각한다. 이윤 추구가 무엇보다 중요한 무책임한 기업들, 홍보 대행사들 그리고 미디어 관계자들은 이 외에도 다른 변명도 하나 더 사주하는데 그건 다음 장에서 살펴보겠다.

그린워싱

그린워싱Greenwashing은 기업이나 기관이 실제로 지속 가능성을 구현하기 위한 충분한 노력 없이 그것의 활동, 서비스 그리고 상품을 친환경적으로 포장하려는 시도를 두고 하는 말이다. 다음의 행태들이 여기에 속한다.[181]

❶ 숨은 트레이드오프Trade-Offs, 교환 : 제품의 중요한 측면들은 무시하고 몇몇 부수적인 측면들만 부각해 친환경임을 내세운다. 전기차를 탄소 배출을 전혀 하지 않는 차로 광고하는 것이 대표적인 예다. 전기 발생에 드는 화석 연료가 매우 기후파괴적이며 자동차에 들어가는 배터리가 친환경적이지 않음은 말하지 않는 것이다.

❷ 확인할 수 없는 증거 내세우기 : 신뢰할만한 제3자의 인증이 없고 쉽게 확인할 수 없는 주장들을 내세운다(방송을 통해 재활용을 매우 잘하고 있음을 보여주지만 설득력 있는 증거물은 제시하지 못하는 캡슐 커피 제조사).

❸ 애매모호하게 넘어가기 : 쉽게 오해를 부를 수 있는, 일반적이고 불분명한 설명 늘어놓는다("천연재료를 쓴다" 같은 말).

❹ 상관없는 사실들 나열하기 : 해당 사안과 관계없는 사실들을 언급한다(오존을 파괴하지 않는 스프레이 통 혹은 "재활용이 탄소 방출을 줄인다" 같은 일반적인 사실들).

❺ 더 기후파괴적인 다른 경쟁자와 비교하기 : 해당 분야 내에서는 맞

는 주장일 수 있겠지만 사실은 관심을 분산시키는 주장이다(항공사

나 캡슐 커피 제조사가 경쟁사들보다 환경친화적이라고 광고하는 것).

❻ 악의 없는 거짓말하기: 한마디로 거짓말을 한다. 이것은 가장 위

   험하므로 기업들이 대부분 피하는 전략이긴 하다.

❼ 라벨 달기: 위조 증명서를 붙이기도 하고 아무도 모르는 기관

   이 발행하며 문제성이 다분한 기준을 따르는 지속 가능성 인장을

   쓴다.

기후보호 정책이
경제를 망치고 있잖아

개인적으로 차라리 기후파괴보다 경제 파괴가 더 낫다고 생각한다.

익명의 인터넷 유저

기후보호 정책이 경제를 망치는가? 경제 위기가 기후위기보다 나쁜가? 어떻게 하면 기후, 경제 둘 다 보호할 수 있을까? 모두 자주 제기되는 질문들인데 이런 질문들을 듣고 있으면 기후변화를 막을 것인가 아니면 경제를 발전시킬 것인가를 두고 우리가 꼭 선택해야 할까 하는 의구심이 든다.

경제 이익 집단들은 과거부터 기후보호 정책들이 과장되었다고 늘 말해왔다.[182] 이것은 대개 기후보호에 있어 일정 선을 지켜야 하며 절대 경제 성장을 막아서는 안 된다는 뜻이기도 하다. 기후변화보다 훨씬 더 중요한 문제들이 있고, 기후보호에 투여되는 막대한 돈을 다른 곳에 투자하는 것이 더 좋다고 주장하는 목소리들도 있다.[183] 기후변화 자체보다 기후변화를 둘러싼 히스테리가 사실은 더 위험해서 국내 산업체들이 기후보호 제약이 없는 다른 나라들로 옮겨갈 수밖에 없다고도 한다.

이런 논리라면 경제가 좋으면 다 좋다[184]고 끊임없이 우리를 설득하려 드는 사람들을 위한 완벽한 변명이 하나 만들어지는 셈이다. 이들은 헷갈린다면 우선 경제부터 생각하고 지금까지의 소비·이동 습관을 그대로 유지하는 게 낫다고 말한다. 이것은 심리학적 현상 유지 편향과 위험 회피 성향이 합쳐진 것 위에 약간의 자유시장 경제주의가 올라앉은 상황이다.

그러나 경제적인 관점에서 보면 이런 논리는 매우 의심스럽다. 기후보호 정책이 경제를 망친다는 주장 대부분이 경제학자들에 의해 반박되었기 때문이다. 이들에 따르면 경제적 부와 기후보호는 서로 상충하지 않으며, 사실 그 반대다. 기후보호를 하지 않을 때 실제로 우리는 훨씬 더 비싼 대가를 치러야 한다. 기후변화를 막지 못하면 막대한 경제적 손실이 발생할 수 있다. 연구에 따르면 2100년까지 세계적으로 국민총생산이 37퍼센트에서 최악의 경우 50퍼센트까지 줄어들 수 있다고 한다.[185] 기후변화를 무시한다면 전례 없고 매우 장기적인 경제 붕괴로 이어질 수 있다는 것이다. 또 다른 연구는 기후보호를 통한 국민경제 흑자 폭이 2030년까지 기후보호에 드는 비용의 5배에서 25배까지 이를 것으로 내다봤다. 이것은

기후보호로 막을 손실의 가치는 고려하지도 않은 수치다.[186]

당신은 이제 이렇게 생각할지도 모른다. '좋아, 하지만 이런 경제 연구는 확실하지 않잖아?'라고 말이다. 물론 아주 다른 말을 하는 연구도 있다. 결국 기후변화가 생각만큼 그렇게 나쁘지는 않을 거라고 말하는 연구들 말이다.

이런 주장도 틀린 것은 아니나, 같은 주제를 놓고 실제로 많은 연구가 서로 다른 주장을 한다. 경제 예측은 일련의 가정들에 기반하고 가정이 바뀌면 결과도 바뀌게 되어 있다. 2100년에 대한 경제 예측은 기본적으로 그 측정 방식이 아름다운 커피 점占과 비슷하다. 장기 전망에 기본적으로 따라오는 불확실성은 차치하더라도 많은 연구에서 질적인 차이가 존재한다는 말이다. 이른바 싱크탱크에 의뢰한 저작물이나 연구의 경우, 이익 관계 상충의 문제를 배제할 수 없다. 수준 높은 학술지에 게재된 연구들과 달리 이런 정보들은 다른 독립적인 전문가의 검증을 거치지 않는다. 하지만 기후보호책들의 비용과 수익에 대해 앞서 설명한 연구들은 이런 질적 기준을 만족시키므로 어떤 싱크탱크나 이익 집단의 떠들썩한 발표보다 더 진지하게 받아들여져야 한다. 그런데 이익 관계에서 자유롭고 전문가 검증을 거친 가정들에 기반한 연구라고 해도 기후변화가 미래에 야기할 손실을 금액으로 나타내는 것은 결코 쉬운 일이 아니다. 따라서 인증된 전문 학술지에 게재된 연구라도 대강의 지침으로 받아들여야 한다.

그런 지침이라도 기후보호가 중장기적으로 긍정적인 효과를 부른다고 가정하는 데는 문제가 없다. 반대로 기후보호를 하지 않을 때 정말로 비싼 대가를 치러야 할지도 모른다. 대가를 따질 때 우리가 할 수 있는 일은 어쨌든 경제적 손실을 예측하는 것뿐이다. 물론 빙하가 녹거나 생태계가 사라지는 것에 의한 무형의 손실은 정확히 계산하기가 어렵다(〈변명 10〉 참고). 하지만 회의론자들이 경제적으로 과도하다고 말하는 기후보호 조치들은 독립적인 경제 연구들에 의하면 순수하게 경제적으로만 봐도 분명 그 실행에 드는 비용 이상의 수익을 부른다.

기후친화적 조치들이 국민 경제에 미치는 영향이 긍정적이라고 해서 기후보호가 경제 파괴적이라는 변명이 부당하고 그 실체가 사라지는 걸까? 그렇지는 않다. 실제로 공격적인 기후보호 정책들이 중단기적으로 부수적인 피해를 부를 수 있다. 기후친화적인 사회로 넘어가는 과정에서 손해를 볼 사람들이 분명히 있고 이들에게 "기후보호가 피해를 준다"라는 주장은 정당하다. 석유 부자들만을 말하는 것이 아니다. 모든 사람이 지역 상품을 구입하고 남미의 바나나는 더 이상 먹지 않고 동남아 대신 국내 여행만 한다면 기후를 보호할 수 있고 지역 공급망도 강화된다. 하지만 수출에 의지하는 브라질 농

부들과 관광객들에 의지하는 태국 여행 산업 노동자들은 그다지 기뻐하지 못할 것이다. 이들과 이들 나라의 경제는 기후 친화성의 피해자가 된다.

오스트리아에서도 기후보호로 손해를 보는 사람들이 생길 것이다. 고속도로나 국도에서 암암리에 왕으로 통하는 트럭 운전수들이 그렇다. 이들은 자신의 직업에 대한 긍지가 있다. 이들이 있기에 슈퍼마켓은 아침마다 물건들로 꽉꽉 채워지고, 인터넷으로 주문한 것들이 하루 이틀 안에 도착하는 것이다. 이들은 지금의 경제 시스템에서 매우 중요한 역할을 한다. 앞으로 화물 운송이 대부분 기차로 이루어진다면 많은 트럭 운전수가 일자리를 잃게 될 것이다. 이들 모두가 지금처럼 보수가 좋고 마음에도 드는 다른 직업을 찾기는 어려울 것이므로 일부는 결국 대변동의 피해자로 남을 것이다. 대중교통으로는 한계가 있어서 자가용이 없으면 일을 할 수 없는 사람들도 마찬가지다. 화석 연료에 더 높이 부과되는 세금에 큰 타격을 받을 테고 탄소 배출이 적은 (하지만 꼭 친환경적이라고도 볼 수 없는) 전기차는 너무 비싸다. 가스 배출 집약 산업의 감소와 석탄의 단계적 폐지 역시 희생자를 낳는다. 우리는 당연히 가능한 빨리 화석 연료에서 벗어나야 하지만(그것도 세계적으로) 이것은 곧 대량 실업을 의미한다.

　잘사는 나라라면 이런 실업 문제의 충격을 이직 보조금 등으로 완화할 수 있다. 하지만 당사자들에게 화석 연료 사용의 단계적 폐지는 단순히 실업 그 이상의 여파를 남길 수 있다. 경제의 주역이었던 사람이 갑자기 기후위기의 희생양이 될 때 최악의 경우 이것은 정체성을 잃는 것과 같다. 가족 전체가 의지하고, 한 지역 기간산업의 상당 부분을 차지하고 또 그만큼의 자부심을 의미했던 일이 사라지는 것이다. 어제 이 사람은 사회에 공헌하는 근로자였고, 그래서 경제 활동이 활발한 지역에서 사회생활을 하며 그 안에서 존경을 받았다. 그런데 탄광 혹은 화력발전소의 그 정직하고 굳건한 일이 오늘 갑자기 사라진다고? 이것은 자존감에 상처를 내는 것 이상으로 나쁜 결과를 부를 수 있다. 내일이면 이 사람은 실업자로서 국가 보조금을 받고, 예전만큼 가치 있는 직장은 도저히 찾을 수 없으며, 아이들조차 아무런 전망이 없어 떠난 지 오래인 사회에 실패자처럼 남는 신세가 된다.

당신이 이런 상황에 처했다면 어떻겠는가? 어쩌면 당신도 그 모든 게 다 기후 히스테리 때문이라고 생각하게 될 수도 있다. 당신의 그런 생각을 기후보호를 하지 않는 것에 대한 값싼 변명으로 치부하는 사람들에게 한마디 해주고 싶을지도 모른다. 또 기후를 보호하자며 미트로프를 좀 줄이고 버스를 타고 근처의 농장에 가서 유기농 채소를 사자는 제안에 응할 생각은 추호도 없을 것이다.

온실가스 배출 집약 산업에 종사하는 사람들이 기후보호 조치들에 배신감과 소외감을 느끼는 것은 충분히 이해할 만하다. 첫 직장으로 자신에게 정체성을 주었던 일이 갑자기 추상적이고 이해하기 어려운 그 '어떤 현상' 때문에 이제 사람들이 싫어하는 일이 된다. 이것은 받아들이기 어려울 뿐 아니라 이 사람들이 기후변화 회의주의에 사로잡힌다면 그것은 단지 그런 인지 부조화를 피하고 싶기 때문이다. 평생 한 가지 일을 하며 살았는데 이제 그 일로 재난이 일어난다니 믿을 수가 없는 것이다. 이런 일은 받아들이기 어렵다. 따라서 기후변화가 실제로 그렇게 나쁘지는 않다는 자세를 갖는 것이 주관적으로 유리하다. 이 사람에게는 기후변화가 자신의 사회경제적 몰락보다는 실제로도 훨씬 덜 심각한 문제기도 하고 말이다.

이런 상황에서 이 사람은 결국 하늘을 보다가 그렇게 기후

244

파괴적이라는 비행기들이 여전히 하늘을 횡단하며 항적운을 만들고 있는 것을 본다. 그리고 자신에게는 안정적인 직장을 제공했던 화석 연료가 이제는 땅속에 그대로 있어야 할 판에 왜 회사 간부들과 보보스(Bobos, 부르주아bourgeois와 보헤미안bohemian의 합성어로 물질적 여유와 정신적인 풍요를 함께 누리는 디지털 시대의 새로운 상류층을 의미하는 용어-옮긴이)들은 여전히 그 연료들을 태우며 저렇게 하늘을 날아다니는지 이해할 수 없을 것이다. 그리고 '지금도 중국은 아무렇지도 않게 계속 땅을 파대며 새로운 화력발전소를 세우고 있는데 왜 우리만 이렇지?'라고 생각할지도 모른다. 이 모든 것은 국가적 기후보호 조치의 피해자들에게는 정당하게도 매우 불공평해 보인다. 그러므로 이 사람들이 기후보호를 회의하고 거부하는 것은 충분히 그럴만하다고 하겠다.

연구라고 다 같은 연구가 아니다

연구들은 중요한 면에서 질적인 차이를 보일 수 있다. 따라서 독립적인 전문가에 의해 검증되었는가가 중요한 기준이 되고, 이런 검증 과정을 학술 용어로 피어 리뷰Peer Review(동료 평가)라고 한다. 저명한 학술지들은 기본적으로 모두 피어 리뷰를 맡긴다. 리뷰자는 보통 익명으로 남는다. 가장 이상적인 것은 리뷰자에게 피어 리뷰를 맡길 때 연구자들도 익명으로 남기는 이중 맹검검사다. 피어 리뷰로 치명적인 문제가 발견되면 그 연구는 학술지에 게재를 거부당한다. 하지만 이 검사가 얼마나 엄격한지는 학술지마다 다른 편이다.

미디어들은 전문적인 피어 리뷰를 거친 연구만이 아니라 품질 기준이 의심되는 연구도 보도한다. 그 예로 두 가지 연구가 있다. 독일의 한 정당 아카데미의 의뢰로 이루어진 어떤 연구는 제멋대로의 기준들을 바탕으로 기차 이용이 비행기 이용만큼 기후 파괴적이라는 결론을 내렸다. 그리고 오스트리아 국내 케이블카 연합의 의뢰로 이루어진 어느 연구는 숲에서 나무들을 인위적으로 베는 것이 기후를 보호한다는 결론을 내렸다. 전문가들은 방법론적인 오류를 지적하며 이 연구들을 강하게 비판했다.[187]

25

다른 수많은
이유가 있다

하고자 하는 사람은 길을 찾아내고,
하지 않고자 하는 사람은 핑계를 찾아낸다.

하랄드 코스티알 Harald Kostial, **기업가**

지금까지 봐왔듯이 우리 인간은 합리적인 결정을 잘하는 종
은 아니다. 충분한 정보를 수집하고, 선호도에 맞게 미리 분석
하고, 결정해둔 기준과 선택지에 따라 그 정보들을 평가한 후
최선을 선택하는 일에 얼마나 자주 성공하는가? 아마 그렇게
자주는 아닐 것이다. 이건 너무 복잡한 과정이다. 우리는 대부
분 직감에 따른 결정을 내리고 그것을 의식조차 하지 못할 때
도 많다. 그렇다면 이른바 합리적인 결정 과정이란 게 사실은
선호하는 방향을 이미 선택해놓고, 합리적이라고 정당화하는
과정인지도 모른다. 이것을 사후 합리화라고 한다. 아니면 코
스티알의 인용구를 조금 바꿔서 "우리는 기후친화적으로 행
동하고 싶을 때 그 길과 방법을 찾는다. 그러다 한 번씩 그러

고 싶지 않을 때는 모든 종류의 변명(최소한 25가지)을 생각해 내며 자신을 정당화한다." 하고 말해볼 수도 있겠다.

이 모든 변명은 사실 "나는 기후친화적으로 살고 싶지 않아"라는 간단한 문장으로 요약될 수 있다. 약간 변형된 형태로 "나를 속박하고 싶지 않아. 내 자유는 소중하니까"도 있다. 이런 믿음 논쟁을 결판내는 논증이다(이런 말을 들으면 나는 더 이상 아무 말도 할 수 없다). 환경친화적이 되고 싶은 마음이 전혀 없고 정기적으로 비행기를 타는 자유가 중요하다고 말하는 사람은 그 누가 나선다고 해도 그 생각을 바꿀 수 없다. 그러기에는 에너지 소비가 너무 크고 누군가의 생각을 바꾸는 일은 어려운 법이다. 확고한 신념을 가진 사람에게 그 반대를 설득하는 게 쉬울 리 없다. 또 인간은 완고하기로 유명하고 확증 편향 성향이 강하며 누가 자신을 설득하려고 하면 일단 반발하거나 거부부터 하는 종이니 말이다.

인간은 결국 스스로 기후친화적인 삶을 선택해야 한다. 타인은 기껏해야 모범을 보이는 수밖에 없다. "이제 제발 고기 좀 그만 먹어" 같은 말에 쉽게 설득당할 사람은 없다. 하지만 채식주의자들이 자꾸 보일 때 조금씩 육식을 줄이게 된다.

무작정 싫다는 자세에서 벗어나 기본적으로는 기후친화적인 삶에 준비가 되어 있다고 해도 여전히 수많은 변명이 떠오를 것이다. 이 책에서 나는 다양한 심리 기제들과 연결된, 모든 기후파괴적 행위에 쓸 수 있는 변명들을 모았다. 당신은 여기에 소개된 변명들의 변형도 다양하게 떠올릴 것이다. 그리고 당장 무언가를 결정해야 할 때 기후친화적인 결정을 방해하는, 당신 고유의 경험에서 나오는 다른 아주 구체적인 이유들도 떠오를 것이다. 하지만 그런 이유들도 모르긴 몰라도 이 책에서 말하는 24개 변명들과 어떤 형태로든 연결될 것이다. 지난 몇 달 동안 친구, 동료, 학생들이 거듭 자신들이 생각하는 변명들을 말해줬는데 대부분은 이 책에서 지금까지 설명된 변명들을 어떤 식으로든 떠올리게 했으니까 말이다. 여기 그 예를 몇 가지 들어보겠다.

예1 "비행기 표가 20유로밖에 안 하잖아. 이건 특별 상품이니까. 내가 쓰지 않아도 분명 다른 사람이 쓸 거야." 문의가 쇄도하는 한정 상품을 구입하는 것은 실용적이다.(〈변명 3〉, "인간은 원래 모순적이다" 편 참조). 그리고 그냥 그렇게 하고 싶으니까 한다고 볼 수도 있고 한편으로는 〈변명 16〉("내 잘못이 아니야")과 〈변명 18〉("그런데 중국에서는")에 해당하기도 한다. "다른 사람도 그렇게 할 테고 이런 상황에 나만 책임이 있는 것이 아니며 결국 마지막에 가서는 누구든 그 비행기 좌석에 앉게 되는 제로섬 게임이다"라고 변명하는 것이다.

예2 "이 신제품을 사지 않으면 나는 경쟁에서 뒤처지잖아."

직업적으로 신제품과 신기술을 꼭 써봐야 하는 사람이라면 어느 정도 이해할만한 변명이다. 그렇다면 이 변명은 경제적 효율의 최대화에 해당하며(〈변명 1〉, "기후보호가 나한테 뭐가 좋은데?" 편 참조), 〈변명 18〉("그런데 중국에서는")에서 소개된 게임 이론들로 분석해볼만하다.

예3 "나는 너무 늙어서 이제 다 상관없어." 이것은 〈변명16〉("내 잘못이 아니야")에서 살펴본 심리적 거리두기의 한 형태다. 하지만 초고령자들은 이미 탄소 발자국 수치가 매우 낮고 그래서 환경파괴 지분이 매우 낮은 것도 사실이다. 80세 이상의 대다수는 이제 더 이상 해외여행을 다니지 않고 스포츠카도 타지 않는다. 초고령자들이 그 나이가 되어서까지 기후 문제를 걱정하고 싶어 하지 않음은 어느 정도는 이해할만한 부분이다.

예4 "회의에 이틀 참석하기 위해 이틀 동안 기차를 타야 한다면 그냥 안 가고 말겠어." 편리함(〈변명 15〉, "나는 게으르다" 편 참조)과 습관(〈변명 7〉, "습관을 바꾸기가 쉽지 않다" 편 참조)을 내세우는 이 변명은 내가 기차로 출장을 다녀오겠다고 하자 동료 하나가 반사적으로 한 말이다. (참고로 동료는 내가 전혀 설득하지 않았는데도 나와 같이 기차를 이용하는 쪽으로 생각을 바꿨다.)

이제 다음은 반드시 변명으로 치부할 수는 없지만 여전히 기후파괴적인 행동들의 예다.

예5 "대중교통은 전혀 쓸모가 없어요. 어차피 자가용으로 운전해 가야 하니까요." 많은 경우 이런 변명은 정당하다. 예를 들어, 라틴 아메리카에서 온 우리 학생들은 그라츠대학에서 지속 가능한 개발을 주제로 석사 과정을 시작할 때까지 한 번도 버스 내부를 본 적이 없다고 했다. 이들의 고향에서는 대중교통 이용은 생각도 할 수 없었다. 대중교통 관계망이 제대로 설치되어 있지 않거나 매우 열악해서다. 서유럽 시골에 사는 사람들도 마찬가지다. 지속 가능한 교통 관계망 자체가 없을 때 이런 자가운전자를 비난할 수는 없다. 하지만 단지 자동차에 대한 특별한 애정 때문에 잘 만들어진 대중교통 관계망 혹은 시내 자전거 도로를 이용하지 않는다면 이런 말은 변명이 된다.

예6 "아놀드 슈워제네거와 앨 고어는 엉터리다." 환경 운동의 아이콘들이 자신이 설파하는 것을 실천하지 않음은 언제나 문제가 있어 보인다. 그들이 교류하는 정치·경제·연예계 사람들과 비교하면 채식하고 수영장을 태양열로 데울 때 앨 고어와 아놀드 슈워제네거는 상대적으로 환경친화적일 수 있다. 하지만 이들의 대저택은 (많은 자동차 수는 차치하더라도) 소비하는 에너지와 자원의 측면에서 도시의 보통 아파트들과는 비교도 되지 않으므로 환경친화적이라고 할 수 없다. 연예인이나 정치인들이 환경 보호에 정말로 뛰어들고자 한다면 제대로 모범을 보여야 한다. 하지만 이런 요구를 자칭 선구자라는 사람들이 늘 만족시키는 것은 아니다. 새로운 그린 뉴딜Green New Deal(토머스 프리드먼의 책 《코드 그린Code Green》에서 유래했으며, 1930년대 대공황 때 실시된 '뉴딜정책'처럼 기후위기 대응에도 대규모 정책이 필요하다는 의미-옮긴이)을 장려하는 EU 집행위원장이 오스트리아 빈에서 슬로바키아 브라티슬라바까지 기차로 1시간이면 가는 고작 60킬로미터의 거리를 개인 제트기를 타고 간다면 무슨 변명으로 방어하려고 해도 신뢰감이 추락할 수밖에 없다.[188]

기후변화 국제회의를 치를 때 발생하는 탄소 발자국에 대해서도 비판할 수 있다. "기후 회의는 수많은 사람들이 개인 제트기를 타고 와서 다른 모든 사람이 SUV를 타는 것을 금지하는 행사다." 이 말은 한 인터넷 유저의 냉소적인 논평인데 맞는 말이다.[189] 그리고 기후친화적인 척만 하는 '저 위의 사람들'을 지적함으로써 비교적 쉽게 그리고 조용히 양심의 가책에서 벗어나는 것도 사실이다(〈변명 16〉, "내 잘못이 아니야" 편 참조).

지금까지 다양한 심리적 장벽들이 어떻게 기후친화적인 행동을 방해하는지 설명했다. 맞다, 우리는 원칙적으로 기후보호를 위해서 무엇이라도 할 준비가 되어 있지만 여러 내면의 주장들이 방해한다. 혹은 잘못된 행동을 사후에 정당화한다.

구체적인 변명조차 하지 않고 단지 "다른 수많은 이유가 있다"고만 한다면 내 생각에 그것은 기본적으로 의지가 없다는

뜻이다. 어떤 주제를 놓고 고심할 생각이 전혀 없고 그런 사실을 정당화할 생각도 없다면 "다른 수많은 이유가 있다"는 처음부터 반론의 여지도 주지 않는, 그야말로 변명이다. 나는 이 책을 읽는 독자들이 이런 변명을 하지는 않을 거라고 생각한다. 이 책을 여기까지 읽었다면 기후친화적으로 살고 싶을 테고, 그렇지 못한대도 그것을 다양한 변명으로 정당화하고 싶지는 않을 테니까 말이다. 그러므로 우리가 해야 할 질문은 "기후친화적인 미래를 위해 무엇을 해야 하는가?"다. 이 수많은 변명에도 불구하고 어떻게 해야 기후친화적인 미래를 만들 수 있을까?

당신에게 또 다른 변명거리가 있는가?

이 책을 읽으면서 기후파괴적인 행위에 대한 다른 변명들도 떠올랐는가? 그렇다면 당신이 생각하는 최고의 변명을 나에게 알려주기 바란다. 당신이 연락을 해준다면 기쁠 것이다. 그리고 내 블로그(klimapsychologie.com)에 글을 쓰는 데도 많은 도움이 될 것이다.

전망

기후친화적인 미래

성공한 사람은 변명을 찾는 데 단연코 실패한 사람이다.

에른스트 페르스틀Ernst Ferstl, 저술가

역사에는 한동안 번영을 누리다가 결국 비참하게 파괴된 일련의 문명들이 존재한다. 책《문명의 붕괴Collapse》[190]에서 역사학자 재레드 다이아몬드Jared Diamond는 라틴 아메리카의 푸에블로족, 그린란드의 바이킹족, 이스터섬 원주민들 같은 무너진 문명 속 사람들의 운명에 관해 이야기했다. 많은 사례에서 그 번영과 붕괴는 자원의 과잉 개발이나 기후변화에 대한 부적절한 대응에서 발생했다.[191] 최후의 순간은 강수량 부족, 삼림 벌채, 환경 훼손 등을 통해 서서히 다가왔다. 이웃 문명과의 전쟁이나 중요한 교역 상대가 사라져서 무너지기도 했다. 대개 붕괴는 여러 요소가 종합될 때 일어난다. 예를 들어 그린란드의 바이킹족은 기후변화의 희생자기도 했지만 사람들 자체의 자세에도 문제는 있었다. 이들은 밭을 과도하게 개간했고, 이누이트족과 달리 기본적으로 생선을 전혀 먹지 않았다. 식량난이 극심했을 때도 그랬다. 그래서 이누이트족은 추워진 겨울을 이겨냈지만 바이킹족은 그러지 못했다.

이 문명들이 왜 경고의 신호들을 무시했고 위협에 적절히 대처하지 못했는지는 정확하게 알 수 없다. 이스터섬 사람들은 숲과 자원이 사라지고 있음을 알아챘을 텐데도 계속 나무를 베어댔다. 최후의 나무가 베어지는 것으로 공공자원이 영원히 사라지는 모습을 직접 본다면 기묘한 느낌이 들 것 같다. 그때의 벌목꾼이 무슨 생각을 했는지는 물론 전해지지 않았다. 하지만 그에게도 충분히 좋은 변명 거리가 있었을 거라고 확신한다.

당연히 나는 대부분 개화했으며 세계화한 이 현대 세상이 이런 소멸한 문명의 목록에 올라가지 않기를 바란다. 아직 늦지 않았다. 아직 우리는 기후변화와 다른 생태계 위기를 줄이고 극복할 수 있다. 이것은 분명 큰 도전이다. 하지만 우리는 기본적으로 기후친화적이고 지속 가능한 사회를 만드는 데 필요한 지식과 능력을 갖추고 있다. 기후친화적인 미래는 공중누각이 아니다. 기후친화적인 미래는 가능하다.

나는 우리 개인들이 서로 동기를 부여하며 자발적으로 기후친화적인 결정을 하는 것이 맞고, 또 중요하다고 생각한다.

하지만 일상에서의 이런 개인적인 결정들을 기후위기의 유일한 해결책으로 봐서는 안 된다. 이런 결정은 기후위기 극복에 분명히 중요한 역할을 하겠지만 개인의 책임을 계속 강조하는 것은 효과적인 기후보호에 오히려 걸림돌이 될 수도 있다. 구조적인 문제를 보지 못하게 하기 때문이다. 개인적인 책임을 전면에 둘 때 구조적인 문제들이 후방으로 밀려난다. 이때 시스템을 바꾸는 것이 더 이상 중요하지 않게 된다. 소비자 혹은 국민이 옳은 결정을 해서 문제를 바로 잡을 것이라고 생각할 테니까. 아니면 이렇게 되든 저렇게 되든 상관없다고 생각할 수도 있다. 거칠게 말하자면 이렇다. 젊은 친구들은 싼 비행기표를 원한다. 그 정도로 젊지 않은 친구들은 거대한 SUV를 몰고 싶어 하고 영원히 젊고자 하는 사람들은 크루즈 여행을 하고 싶어 한다. 그리고 이들 모두 유가가 싸기를 바란다. 세련된 도시 사람들은 조지 클루니처럼 캡슐 커피를 마시고 싶어 하고 농촌에 사는 사람들은 예전처럼 매일 슈니첼을 먹고 싶어 한다. 이들은 개인의 책임을 강조하는 것이 현상 유지를 원하는 기업인과 정치인에게만 좋은 핑계라고 생각한다. 그럼 기업인과 정치인은 이렇게 말할 것이다.

"원하면 자전거를 타고, 채소와 콩을 먹고, 국산 차를 마실 수도 있잖아요? 그런데 사람들은 그렇게 하지 않습니다."

최근에 나는 대중교통으로 클라겐푸르트에서 볼프스베르

크까지 약 60킬로미터를 갈 일이 있었다. 클라겐푸르트에서 그라츠행 시외버스를 타면 그 중간쯤에서 볼프스베르크에 내릴 수 있고 그럼 40분 정도가 소요될 것 같았다. 그런데 표를 끊으려고 할 때 놀라운 사실을 하나 알게 되었다. 내가 가려던 볼프스베르크에서는 버스에 올라탈 수는 있지만 공식적으로 버스에서 내릴 수는 없었다(이 말은 볼프스베르크까지 가는 표도 없다는 뜻). 그러니까 나는 그라츠까지 가는 훨씬 비싼 표를 끊고 그 이상한 중간 정착지에서 버스에 비치되어 있는 비상용 망치를 이용해 창문을 깨고 버스에서 뛰어내리지 않아도 되기를 바라는 수밖에 없다는 말이다. 이것은 이중으로 기분 나쁜 일이었다. 첫째, 버스 운행 규칙을 어기는 것이고 둘째, 그것을 위해 돈을 지불해야 한다는 것이다. 법이 허가하는 대안은 근거리 기차를 타는 것이리라. 하지만 그럼 한 시간 반이 걸리므로(버스 시간의 두 배가 넘는다) 시간만 생각하면 결코 좋은 선택지가 못 되었다. 나는 결국 나의 기후친화적인 자세와 의도 모두 무시하고 또다시 내 낡은 자동차를 운전해 갔다. 그리고 그렇게 운전하는 동안 머릿속에서는 계속 "사람들은 기차보다 자가운전을 더 좋아하잖아요. 당신처럼. 심지어 당신은 기후보호 활동가라면서요?" 하는 자유시장주의자 교통 장관의 야유가 들리는 것 같았다.

258

기후친화적인 삶을 부르는 구조가 필요하다

이 시외버스 사례는 개인의 책임을 강조하는 것의 문제점을 제대로 보여준다. 기후친화적 혹은 기후파괴적인 결정은 우리의 태도와 의도만이 중요한 진공 상태에서 고립되어 발생하지 않는다. 사실 우리가 내리는 결정에서 태도와 의도로 설명될 수 있는 부분은 아주 일부일 뿐이다. 허버트 사이먼은 1960년대 이미 이것을 "인간의 행동은 비교적 단순하다. 우리 행동이 복잡해 보이는 것은 대부분 우리가 처한 환경이 복잡해서다."[192] 하고 정확히 꼬집은 바 있다. 따라서 우리의 행동은 언제나 기존의 구조, 가능성, 조건의 문맥 속에서 이해

해야 한다. 솔직히 시골에서는 기후친화적 이동 수단을 쓰고
자 하는 마음이 쉽게 생기지 않는다. 우리는 소중한 시간이 두
배나 더 드는 대중교통을 이용하지 않는다고 누군가를 비난
할 수는 없다. 기후친화적인 일상에 꼭 필요한 구조 자체가 없
을 때 개인에게 모든 책임을 묻는 것은 전혀 건설적이지 않다.

우리는 선택 구조(선택 설계 혹은 초이스 아키텍처라고도 하는데
촘촘히 짜인 선택 환경을 말한다-옮긴이) 속에 있고 따라서 그 영
향을 크게 받을 수밖에 없다. 때로는 아주 사소한 차이가 큰
변화를 낳는다. 이것은 기후와 상관없는 행동에서도 마찬가지
다. 예를 들어 뇌사 판정 시 장기 기증을 준비하는 문제도 그
렇다. 독일과 오스트리아는 서로 공통점이 많지만 이 문제에
서만큼은 큰 차이를 보여준다. 오스트리아에서는 전체 인구의
99퍼센트가 사망 후 장기 기증을 희망하지만 독일에서는 단
지 4분의 1만이 희망한다.[193]

오스트리아 사람이 독일 사람보다 내면의 가치를 더 높이
평가하고 더 관대해서는 물론 아니다. 단지 오스트리아에서
는 반대 의사를 적극적으로 밝히지 않는 한 모두가 자동적으
로 장기 기증자가 되기 때문이다. 장기 기증 반대 의사를 굳이
밝히는 수고를 하는 사람은 100명 중 1명도 되지 않는다. 반
대로 독일에서는 장기를 기증하고 싶은 사람이 스스로 자신
을 기증자로 등록해야 한다. 이런 수고를 하는 사람이 그 모든

공익 캠페인에도 불구하고 4명 중 1명 정도에 그치는 것이다. 이 문제에 압도적 다수가 신경 쓰지 않으며 따라서 기본 설정 상태 그대로 둔다는 점에서 이 두 국가는 매우 유사하다(이것을 전문적으로는 디폴트 효과라고도 한다). 따라서 차이를 만드는 것은 선택 구조라고 할 수 있다.

행동경제학에는 넛지 이론Nudging이라는 게 있다.[194] 넛지는 살짝 민다는 뜻인데 넛지 이론은 우리가 좋은 결정을 좀 더 쉽게 내릴 수 있도록 결정 상황들이 만들어져야 함을 강조한다. 베스트셀러《넛지Nudge》의 두 저자 리처드 탈러Richard Thaler 와 캐스 선스타인Cass Sunstein은 이런 접근법을 자유주의적 개입주의Libertarian Paternalism라고 명명했다. 원칙적으로 선택의 자유를 주지만 사실상 방향을 미리 정해 놓는 것이다. 결정자 혹은/그리고 대중은 최고의 결과를 부르는 쪽으로 인도되어야 한다. 지난 10년 동안 이 접근법은 굉장한 환영을 받았다. OECD 보고에 따르면 세계적으로 200개가 넘는 공공 기관들이 넛지 이론을 통해 국민의 결정을 "촉진하고" 있다.[195] 이것은 분명히 논란의 여지가 있으며 때로 강하게 비판받는 접근법이긴 하다.[196] 특히 '넛지'가 투명하게 이루어지지 않고 사람들이 충분한 정보를 바탕으로 결정하지 못하게 만드는 경우, 결정에 도움을 주겠다는 선의가 곧장 미묘한 방식의 조작이 되는 등 윤리적인 문제가 생길 수 있다.

우리는 일상에서 알게 모르게 넛지의 영향을 받는다. 웹사이트 방문 시 대부분 쿠키 다운로드를 허용한다. 거부하려면 몇 번 더 클릭하는 수고를 해야 하기 때문이다. 인터넷에서 숙박이나 비행기를 예약할 때는 여러 가지 도구들에 의해서 취소 시 환불을 보증하는 보험을 들게 된다. 어느 햇살 좋은 날이 봄의 시작을 알리면 슈퍼마켓 입구에는 이미 바비큐용 숯으로 가득한 커다란 선반들이 등장하고 이것은 더 많은 바비큐 상품들로 우리를 인도한다. 참고로 고속도로 휴게소의 50센트 쿠폰으로 터무니없이 비싼 뮤즐리바를 사도록 하는 것도 넛지는 넛지다.

당연히 기후친화 목적을 위해 넛지를 이용할 수 있다. 그런 의미에서 기본 옵션 개념이 아주 훌륭하게 이용된다. 예를 들어 우리는 은행 고객에게 친환경 투자 패키지를 기본으로 제공할 수 있고 구내식당에 채식 메뉴를 기본 메뉴로 정해 놓을 수 있다.[197] 기본 옵션 외에도 기후친화적인 다양한 선택 구조가 가능하다. 기업은 직원들이 대중교통을 이용하는 데 들이는 시간을 근무 시간에 포함할 수 있다. 차로를 자전거 도로로 바꾸기, 자동차에 엄격한 속도 제한 두기, 주차를 어렵게 만들기 등의 정책으로 정부는 자동차보다 자전거 타기를 더 편리하게 만들 수 있다. 기후파괴적인 교통수단 이용을 금지하는 것이 아니라 장점을 없애는 것이다. 이것은 곧 대안적 교통수단의 장점을 부각하는 것이고 그 덕은 우리 모두가 볼 수 있다.

기업과 정치가들은 직원, 고객, 국민이 기후친화적인 결정을 내리게 만들 기본 도구들을 다양하게 갖고 있다. 이 도구들이 투명한 방식으로, 양심적으로 내보이는 정보들과 함께 활용된다면 환경파괴적인 행동에 대한 익숙한 변명들이 분명 그 힘과 효력을 잃게 될 것이다. 그런 의미에서 넛지는 선택 구조의 일부로서 기후친화적인 미래를 위해 중요한 역할을 할 수 있다.

넛지는 일단 직접적인 행동의 변화를 목적으로 하지만 멀리 볼 때 간접적으로 기후친화적인 자세를 강화한다. 이것은 우리가 직감에 따라 결정하고 나중에 합리화(사후 합리화)하는 경우가 많아서 더 그렇다. 우리는 긍정적인 자아상을 유지하기 위해서라도 결정 후 그 결정에 논박하기보다 그 결정을 인정하고 받아들이려 한다. 극단적인 예로 넛지를 받아 대중교통을 이용하게 되었다고 해도 돈과 시간을 아끼기 위해서 혹은 선택 구조가 그렇게 강요했기 때문이 아니라 기후보호라는 보다 고상한 동기 때문에 자동차를 포기했다고 스스로 믿게 만들 수도 있다는 뜻이다.

그러므로 교통수단을 대중교통으로 전환하는 것은 이런 심리적 메커니즘을 통해 기후친화적인 자세로 이어질 수 있다.[198] 행동에 뒤따르는 이런 '자세' 조정은 기본적으로 인지 부조화를 피하기 위해서고 따라서 자기중심적이다. 돈과 시간을 아끼기 위해서보다 기후를 위해서라고 생각하는 것이 기후친화적인 사람이라면 훨씬 더 좋게 느껴진다. 그러므로 기후친화적 구조들은 기후친화적 행동만이 아니라 부수적으로 기후친화적인 자세까지 촉진한다. 또 기후친화적인 자세를 가질 때 기후보호 조치들을 좀 더 잘 따르게 된다.

물론 어느 정도는 스스로 기후친화적인 행동을 위한 환경을 만들어갈 수도 있다. 다른 사람이 우리를 좀 더 기후친화적인 삶 쪽으로 밀어주기를 기다리고만 있을 필요는 없다. 다음은 자가 넛지의 몇 가지 예다.

- 다양한 식재료 조달 협력체에 가입해 신선한 유기농 채소를 지역 농장에서 정기적으로 받아먹는다. 감자, 호박, 콩류를 정기적으로 받게 되면 (환불 불가 매몰 비용이 발생해) 먹어 치워야 하므로 마트에서 고기를 사오는 횟수가 적어도 몇 번은 줄어들 것이다.

- 사회적 넛지는 특히 '음식'에 놀라운 효과를 발휘한다. 예를 들어 친구들과 함께 토요일을 채식의 날로 정해 다 같이 모여 새로운 채식 요리를 먹어볼 수 있다. 이때 대안적인 식습관에 관한 토론이 자연스럽게 이어질 수도 있다. 그리고 이런 날은 대

개 음식이 남으므로 일요일도 채식으로 보낼 수 있다.

- 자동차를 좀 덜 타게 만드는 넛지를 스스로 만들어볼 수도 있다. 가능하다면 자전거를 자동차가 나가는 길목에 세워두는 것이다. 자동차를 타고 나갈 때마다 그 앞에 서 있는 자전거를 치워야 한다면 귀찮아서라도 짧은 거리 정도는 자전거를 타고 갈 것이다.

- 항공사들의 소식지나 이메일로 보내는 뉴스와 광고 등은 모두 거절하고 대신에 기차로 갈 수 있는 여행지를 포함한 철도 관련 소식을 정기적으로 받아본다. 비행기를 타지 않고 갈 수 있는 매우 아름답고 흥미로운 휴가지도 많다. 매일 비행기 여행에 대한 유혹을 받지 않기만 해도 비행기 여행에 대한 욕구가 훨씬 줄어든다. 이런 넛지에 밭의 단체under1000(1,000킬로미터 이하 비행은 피하는 운동을 벌이는 단체-옮긴이)의 운동에 동참해 단거리 비행을 피하겠다는 결심까지 자발적으로 더한다면 더할 나위 없겠다.[199]

약간의 창의력만 발휘한다면 이런 자가 넛지들을 충분히 많이 만들 수 있다. 이런 접근법은 자연스럽게 기후친화적인 결정을 부른다. 스스로 자신만의 선택 구조를 만들 때 우리는 바쁜 생활 속에서 습관적으로 더 많은 기후친화적인 선택들을 할 수 있다.

기후친화적 삶을 위한 구조 만들기는 물론 개인의 일상 너머로 나아가야 한다. 이것은 시스템의 수많은 오류를 바로잡아야 하는 일이긴 하다. 엄연히 존재하는 기후보호 목표에도 불구하고 유럽 연합 국가 중 절반은 여전히 재생 에너지보다 화석 연료에 더 많은 보조금을 지급하고 있다.[200] 코로나 팬데믹 동안 유럽 항공사들은 텅 빈 비행기를 수없이 날려야 했는데 독일 루프트한자만 봐도 텅 비거나 거의 빈 비행기를 무려 18,000번이나 날렸다. 바로 유럽 연합의 이른바 슬롯 규칙 (시간당 비행기 운항 가능 횟수를 정해놓는 것) 때문이었는데, 이 규칙에 따르면 항공사들은 할당된 운항 가능 횟수의 최소 80퍼센트를 이용해야 하고 그렇지 못할 경우 슬롯 자체를 잃어버리게 된다. 팬데믹 동안 최소 퍼센트가 내려가기는 했지만 이 규칙 때문에 수만 편의 빈 항공기가 떠다녀야 했다.[201] 이것은 경제적·환경적으로 더할 나위 없이 어리석은 짓이었고 나아가 절대 간과할 수 없는 부수적 피해도 하나 낳았다. 기후친화적으로 살고자 하는 사람들이 느끼는 자기 효능감을 모두 죽여버렸던 것이다. 텅 빈 비행기까지 뜨는데 나 혼자 비행을 포기해봤자 무슨 소용이 있겠는가?

유럽 연합 수준만이 아니라 더 작은 규모에서도 시스템상의 오류는 많이 발견된다. 도시나 마을 외곽에 필요 이상으로 들어서고 있는 슈퍼마켓들을 생각해보자. 거대한 주차장은 자연 생태계에 중요한 땅들을 시멘트로 다 덮어버리고 이곳까지 자전거로 가기에는 필요한 도로 설비가 부족해 위험하다(이런 단층 건물들 옆에 20년 후에 더 큰 복층의 복제품들이 생겨나는 일은 그리 드문 일이 아니다). 기후친화적인 미래를 원한다면 현재의 이런 기후파괴적인 구조들을 모든 수준에서 바로 잡아야 한다. 그 책임은 먼저 정치적 의사 결정자들에게 있다. 이들은 그 책임을 소비자 혹은 국민에게 전가할 수 없다. 국민으로서 우리의 책임은 정치인들에게 책임을 묻는 데에 있다.

시장 경제 원리만으로는 부족하다

15년 전 영국 정부에 보내는 보고서에 경제학자 니콜라스 스턴Nicholas Stern은 "기후변화는 시장 경제 원리가 대대적으로 그리고 제대로 실패했음을 보여주는 사건이다"라고 썼다.[202] 그런데도 시장 원리로 기후변화를 해결할 수 있다는 생각이 여전히 팽배해 있다. 기후위기를 막기 위해 시장 원리에만 의존하는 해결책들은 지금까지 그 성과가 미미하다. 어렵고 힘들게 실행된 탄소 배출 규제 방식들도 기껏해야 약간의 탄소 배출 감소 효과를 냈을 뿐이다.[203]

이른바 외부 효과(경제적 활동이 제3자에게, 여기서는 환경과 기후에게 의도하지 않은 효력을 발생시키는 것을 말한다-옮긴이)인 환경과 기후의 파괴는 탄소 배출 규제 방식들을 통해 현재 돈으로 환산 가능하다. 기후파괴적인 행위에 비싼 대가를 치르게 할 수 있다면 이런 규제는 실제로 기후친화적인 행동을 부를 수도 있다. 하지만 탄소 배출로 치러야 하는 대가가 그렇게 크지 않다면 그 효과도 미미할 수밖에 없다. 앞에서 언급한 베를린-빈 왕복 비행기표에서 탄소 보상금이 10유로였던 것과 〈변명 10〉, "보상금 내고 있어" 편에서 논의했던 기본적인 문제들을 기억하기 바란다. 탄소 배출에 가격표를 매길 때 우리와 후세대를 위한 안정적이고 온전한 기후라는 비물질 자산이 갑자기 세계 시장에서 단기적인 경제적 이익과 교환될 수 있고 수치화 가능한 상품이 된다. 이때 기후·환경파괴는 그 피해를 보상하는 자본이 창출되므로 충분히 감수할 수 있는 어떤 것이 된다. 따라서 시장 경제가 모든 것을 조정한다는 말은 늘 약한 지속 가능성과 연결될 수밖에 없다. 나는 이런 사고방식이 근시안적이라고 본다. 시장 원리가 모든 것을 조정한다는 생각은 독단적이며 시장 경제 원리 밖의 다른 도구와 가능성들을 보지 못하게 만든다. 현재의 환경파괴와 기후위기에는 규제되지 않은 시장에도 그 책임이 있다. 사실 시장 경제 원리가 우리 문제의 상당 부분을 차지한다. 시장 경제 원리는 이론적으로 해결책의 일부가 될 수 있고 기후친화적인 미래에 기여할 수 있다. 하지만 많은 사람이 믿고 있는, 시장 경제 원리가 기후위기 극복을 위한 궁극의 도구라는 생각에는 그 근거가 빈약하다고 본다.

그런데도 이 원리가 자주 적용되는 것은 이익 집단이 정치권의 의사 결정자들에게 영향력을 행사하기 때문으로 보인다. 마이클 만은 자신의 책 《새 기후 전쟁The New Climate War》[204]에서 효과 좋은 기후보호 정책들을 방해하고 지연시키는 기업들과 산업 로비스트들의 다양한 전략을 폭로했다. 산업 로비스트들은 당연히 금지와 급진적인 변화보다 시장 경제 원리에 따라 어렵게 도입되고 천천히 효과를 발휘하는 제도들을 선호한다. 마이클 만은 경고성의 기후변화 연구 결과들에 대해 조직적으로 의심을 퍼뜨리는 등의 방법으로 연구 결과를 믿을 수 없게 만드는 의도적인 행태에 대해서도 말한다. 나쁜 줄 알면서도 환경파괴적인 기술을 지속 가능한 기술로 선언하는 것도 이런 시도 중 하나다. 그래서 2022년에는 유럽 연합이 화석 연료, 천연가스, 원자력 에너지 사용이 친환경적이라고 선언하는 사태에까지 이르렀던 것이다.[205]

당연한 말이지만 문제가 있는 에너지 자원을 이름만 친환경 자원으로 바꾼다고 해서 기후위기가 극복되지는 않는다. 이것은 꼭 필요한 구조적 변화에 대한 우리의 관심을 흩트리려는 시도일 뿐이다. 참고로 마이클 만에 따르면 생태 발자국을 줄이고 쓰레기를 분리수거 하자는 홍보처럼 책임을 국민에게 전가하는 방식도 적극적인 기후 정책의 부정적인 효과를 두려워하는 로비스트들의 다양한 술책에 지나지 않는다. 하지만 기후친화적인 미래에 이런 눈속임을 위한 자리는 없다.

기후친화와 사회적 질문들

기후변화는 다양한 인구 집단에 다양한 강도로 영향을 준다. 북반구 사람들보다 남반구 사람들이 더 강한 영향을 받는 경향이 있지만 같은 유럽 국가라고 해도 그 영향을 다 균등하게 받는 것은 아니다. 예를 들어 부자들보다 소득이 낮은 사람들이 더 직접적인 영향을 받는다. 여름 극서기에 온도 조절이 잘 되고 초록으로 둘러싸인 단독 주택에서 사느냐 아니면 도시 빌딩 숲에서 단열이 안 되는 옥탑방에 사는가는 분명 큰 차이가 있다. 부유할수록 기후변화의 여파를 확실히 덜 받는다.

하지만 기후변화만이 아니라 적극적인 기후 정책들도 공정성을 면밀하게 따지지 않을 때 인구 집단 각각에 서로 다른 강도로 영향을 줄 수 있다. 탄소세로 화석 연료가 한층 비싸진다면 가난한 사람일수록 변화를 더 크게 체감할 것이다. 구식의 휘발유를 직업상 꼭 써야 하거나 기름 난방을 재생 에너지 난방으로 바꿀 경제적 여유가 없는 사람이라면 연료 가격 상승이 더욱더 부담될 수밖에 없다. 그리고 기후 정책 때문에 직업을 잃는 상황에까지 이르면 기후 정책은 심지어 매우 고통스러운 것이 된다. 2016년 미국 대통령 도널드 트럼프는 이런 사람들을 끌어모으는 방법을 시전했다. "석탄 캐는 트럼프 Trump digs coal"라는 슬로건으로 석탄 산업 장려를 약속했던 것이다. 석탄 산업 종사자들에게는 당연히 좋은 소식이었다. 하지만 더 싼 천연가스의 등장으로 화력 발전은 결국 사양길로 접어들었다.[206] 그렇다고 트럼프 대통령의 이런 행보가 국제적인 기후보호 노력에 타격을 주지 않은 것은 절대 아니다.

기후보호가 사회적인 문제들을 세심하게 배려하지 못한다면 저항은 예정된 것이나 마찬가지다. 투표하자마자 잊히고 외면받은 사람들은 당연히 항의할 것이고, 기후변화 방지 조치들에 걸림돌이 될 것이다. 기후친화적인 미래로의 전환은 사회적 정의와 공정함 없이 일어날 수 없다. 그리고 이 공정함은 단지 금전적인 배려 이상으로 나아가야 한다. 기후위기 혹은 기후변화 방지 조치들 때문에 많은 것을 잃을 사람들의 정체성과 삶의 현실도 정중하게 고려되어야 한다는 말이다. 이 비교적 다수의 사람들을 방치할 수도 있지만 그것은 도덕적인 문제를 차치하고라도 절대 좋은 생각이 아니다. 최대한 많은 사람이 함께해야 기후친화적인 미래로의 전환이 좀 더 수월하게 이뤄질 것이다.

당 노선과 이념을 뛰어넘는 사회적 합의

사회적 문제만이 아니라 정당들의 노선과 이념도 기후 정책에 영향을 준다. 지난 몇 년 동안 이미 기후 문제와 관련된 양극화가 심해졌다. 한쪽 끝에는 녹색 정치 스펙트럼에 있는 사람들과 기후 운동가들이 있고, 다른 쪽 끝에는 소수의 기후변화 부정론자와 상대론자들이 있다. 그 중간에는 서로 완전히 다른 우선순위를 가진 정치인들을 통해 대변되는, 약간의 변화만을 바라는 대다수 국민이 있다.

기후친화적인 미래로의 전환을 위해서는 사실에 기반한 폭넓은 토론이 요구된다. 기후 문제가 21세기 초반 20년 동안 그랬던 것처럼 계속 소수의 녹색당원에 의해서만 대변된다면 분명 아무런 진전도 이룰 수 없을 것이다. 최소한 민주주의 스펙트럼 안에 있는 정당이라면 선거에서 더 많은 표를 받기 위해 과학적인 연구 결과들을 의심하는 행태는 멈춰야 한다. 왜곡된 정보와 관심 돌리기 전술에 단호하게 대응하는 것이 정치와 시민사회의 과제다. 이익·권력 집단들이 과학적 연구의 가치들을 평가절하하는 행태를 간과한다면 현재의 민주주의 구조에서는 기후위기에 적절히 대처하기가 어렵다. 문제의식 결핍, 사실에 대한 기본 지식 부족 그리고 과학에 대한 신뢰 부족이 결국에는 꼭 필요한 조치들에 동참하고자 하는 우리의 의지를 약화시킬 것이다.[207] 정치인이 단지 표를 더 많이

272

받을 수 있을 것 같아서 혹은 자기 정당이나 지지자들의 정치적 목적과 맞지 않아서 과학적 연구 결과를 공공연히 의심하며 사람들을 헷갈리게 한다면 사회 전반에 걸친 부정적인 결과를 부르고 말 것이다. 어쩌면 이런 정치인들 때문에 이 세상이 언젠가 파괴된 문명 목록에 올라가게 될지도 모른다. 기후는 정치적 이념과 목적의 사정을 봐주지 않는다. 지금은 정치적 이념에 따른 생각의 차이를 떠나서 모두가 함께 무엇이 효과적인 기후보호인지 궁리해야 할 때다.

기후친화적인 일상은 생각보다 쉽게 정착될 수 있다

사회적 규범은 우리의 결정에 중요한 역할을 한다(〈변명 17〉, "다들 그렇게 해" 편 참조). 기후친화적인 사회에서는 채식 위주의 식습관, 지속 가능한 방식으로 운영되는 기업, 자전거 친화적인 도시같이 지금은 익숙하지 않은 많은 것들이 흔한 일일 것이다. 기후친화적인 규범들은 상대적으로 빠르게 정착될 수 있다. 시뮬레이션 모델들이 시사하는 바에 따르면 새로운 사회적 관습은 인구의 4분의 1이 적극적으로 받아들일 때 금방 보편화된다고 한다.[208] 그러므로 사회적 규범을 기후친화적인 방향으로 돌리는 데도 절대 대다수가 필요한 것은 아니다. 우리 4명 중 1명이 기후보호를 가장 중요한 일로 삼는다면 이미 문제는 많이 해결된 것이나 다름없다.

규범들이 매우 동적임을 보여주는 것이 빠르게 변하는 패션 트렌드만은 아니다. 팬데믹 때도 새로운 규범들이 빠르게 정착했다. 나는 그중 몇몇은 이후에도 살아남을 것으로 본다.(온라인 회의, 재택근무, 독감 유행 시즌에 마스크 착용 등) 많은 인구 집단에서 기후위기가 가장 시급한 문제가 아니라고 하더라도 기후친화적인 일상이 상대적으로 빠르게 안정될 수 있다. 과거에도 사회적 관습들은 아주 짧은 시간 안에 급변했다. 우리는 계산적 낙관주의로 이렇게 자문할 수 있다.

"그렇다면 21세기인 지금, 기후친화적인 일상이 우리의 가장 중요한 도전이 되지 못할 이유가 무엇인가?"

단 하나의 좋은 이유

기후변화는 지난 몇 년 동안 우리 뇌리에 깊숙이 박혔다. 기후위기를 심각한 위협이자 중대한 문제로 이해하는 사람이 점점 더 많아지고 있다. 하지만 기후친화적인 미래로 이어지기에는 아직 넘어야 할 장벽이 많다. 기존의 기본 조건과 구조뿐 아니라 다양한 심리적 메커니즘도 꽤 방해가 된다. 심리적 메커니즘은 우리를 불편한 사실들로부터 보호하고 공동 책임감에서 벗어나게 해주고 그다지 기후친화적이지 않은 행동을 내외면적으로 정당화해준다. 기후변화를 무시하기 위한 변명을 찾고 나면 이제 우리는 다른 일에 몰두할 수 있다. 그리고 기후친화적인 사람이라는 긍정적인 자아상은 손상되지 않은 채 그대로다. 지금까지 충분히 장황하게 설명한 여러 나쁜 소식들을 듣기 전까지는 말이다.

그렇다면 이제 나는 마지막으로 좋은 소식 두 가지를 말하는 것으로 보상해보려 한다.

첫째, 이 변명들 중 많은 변명이 다르게 생각하면 기후친화적인 삶을 위한 변명이 된다. 우리는 개인적인 효율과 수익을 위해서 기후보호를 생각할 수도 있다(〈변명 1〉, "기후보호가 나한테 뭐가 좋은데?" 편 참조). 우리는 기후친화적인 일상에 익숙해질 수도 있다(〈변명 7〉, "습관을 바꾸기가 쉽지 않다" 편 참조). 좋은 정보를 많이 알 때(〈변명 12〉, "난 다 알고 있다" 편 참조) 선한 의도를 행동으로 더 잘 옮길 수도 있다(〈변명 14〉, "좋은 의도에서 한 행동이다" 편 참조). 그리고 점점 더 많아지는 기후친화적인 사람들과 함께 그렇게 할 수도 있다(〈변명 17〉, "다들 그렇게 해" 편 참조). 나아가 정치적 의사 결정권자와 기업인들에게도 똑같이 기후친화적인 방향으로의 변화를 요구할 수도 있다(〈변명 16〉, "내 잘못이 아니야" 편 참조). 이 외에도 할 수 있는 일은 많다. 약간의 창의성만 발휘한다면 기후파괴적인 행위에 대한 거의 모든 변명이 그 즉시 힘을 잃고 기후친화적인 행동을 위한 동기가 된다. 그런 의미에서 이 장 마지막에 만들어둔 표가 도움이 될 것이다.

둘째, 사실 이 변명들을 다 무시할 수도 있다. 무언가가 중요하고, 이를 진정으로 원할 때는 그것을 하지 않아도 되는 아무리 좋은 변명들이 있더라도 우리는 아랑곳하지 않고 그것을 얻기 위해 직진할 것이다. 반대로 실제로 정말 우리가 원하지는 않는 일이라면 그 어떤 동기 부여(상여금 등)도 우리가 그일을 하게 만들지는 못한다. 자발적인 동기가 그 어떤 넛지 혹은 금전적 보상보다 더 강하다는 말이다. 꼭 필요한 일이 아니면 비행기를 타지 않겠다는 원칙을 갖고 있는 사람이라면 기차로 베를린-빈을 왕복하는 시간이 비행기보다 아무리 길어도 기차를 선택할 것이다. 기후파괴적인 선택은 절대로 하지 않겠다고 결심했다면 할인마트에 있는 아르헨티나산 냉동 소고기 스테이크가 그 즉시 맛없어 보일 것이다.

의식적 혹은 무의식적인 결정에 25개의 이유 같은 건 필요 없다. 우리 인간은 수많은 기준을 비교해보고 그중 최고를 골라 효율을 극대화하는 존재가 아니다. 중요한 결정을 내려야 할 때는 좋은 이유 하나만 있으면 된다. 아무리 중요한 결정이라도 그렇다. 물론 결정 후에 그 결정을 정당화하는 이유들을 계속 찾아낼 것이지만 그것들이 결정적인 이유가 될 수는 없다. 당신 인생에서 중요한 결정을 내렸던 때를 기억해보면 모르긴 몰라도 당신도 그 결정이 수많은 기준을 분석하는 복잡한 과정을 거쳐서 나온 것은 아님을 인정하게 될 것이다. 이유

몇 개 혹은 어쩌면 단 하나의 이유가 결정적이었을 테니까 말이다.

실제로 기후친화적인 삶을 살고자 할 때 그 이유들(혹은 변명들)은 그다지 중요하지 않다. 가능한 한 기후친화적으로 살기 위해 결국 우리에게 필요한 것은 단 하나의 좋은 이유다.

당신에게 그것은 무엇인가?

모든 변명에 대한 반대 주장

변명	그 반대 주장 혹은 거꾸로 생각해보기
1 기후보호가 나한테 뭐가 좋은데?	반대로 생각해보면 고기를 덜 먹고 액티브 모빌리티를 이용하는 것이 건강에 더 좋다. 그리고 가까운 곳에서 휴가를 보낼 때 지역 경제가 활성화된다. 이게 좋은 게 아니라면 최소한 나쁠 건 없다.
2 모든 걸 다 고려할 수는 없어	합리적인 사고가 부족해도 기후친화적일 수는 있다.
3 인간은 원래 모순적이다	인간은 행동을 바꾸는 것으로도 모순에 뒤따르는 인지 부조화를 없앨 수 있다. 기후친화적인 자세에 맞게 행동할 때 기분이 한결 좋아질 것이다.
4 내일, 다음 달, 내년부터 혹은 언젠가는	해야 할 일을 미룰 때 행복하고 만족스러운 경우는 거의 없다.
5 너무 늦었어	옳은 일을 하는 데 늦은 때는 없다. 기후변화를 늦추는 데도 늦은 때는 없다.

6	나는 급진적 자연주의자가 아니거든	기후보호를 위해 급진적 자연주의자일 필요는 없다.
7	습관을 바꾸기가 쉽지 않다	습관은 매우 완고하지만 습관이 일어나는 문맥에 달린 것이기도 하다. 그리고 문맥은 변할 수 있다. 습관을 바꾸기에 좋은 '기회의 창문들'이 있다.
8	환경 문제가 아니라도 걱정할 게 많아	하지만 기후변화는 점점 다른 모든 문제보다 더 큰 문제가 되고 있다.
9	나는 대체로 환경친화적으로 산다	기후파괴적인 행동이 환경친화적인 행동으로 보상되지는 않지만 환경친화성이 기후친화성으로 옮겨갈 수는 있다.
10	보상금 내고 있어	보상금을 내기 전에 먼저 파괴를 하지 않는 것이 더 낫다. 모든 것을 돈으로 해결할 수는 없다. 그리고 우리 인생 최고의 것들은 돈으로 살 수 없는 것들이다.
11	나는 두렵다	우리를 나아가게 하는 것은 불안이 아니라 계산적 낙관주의다.
12	난 다 알고 있다	진정한 지식인은 새로운 지식에 마음을 여는 것이 얼마나 중요한지 잘 안다. 사람은 죽을 때까지 배워야 한다.
13	문제가 너무 복잡해	복잡해서 이해하기 어려운 기후 체계라면 더 소중히 다뤄야 하지 않을까?

14	좋은 의도에서 한 행동이다	"의도는 좋았다"란 곧 상황이 좋지 않았다는 뜻이다. 좋은 의도는 지식과 능력이 겸비될 때만 좋은 결과를 부를 수 있다.
15	나는 게으르다	그럼 카리브해까지 가는 수고 없이 집 발코니에서 휴가를 보내도 아무 문제 없을 것이다.
16	내 잘못이 아니야	윤리학자들은 "사정을 아는 사람은 책임도 나눌 수밖에 없다"고 말한다. 당신은 유감스럽게도 이 책을 읽었고, 따라서 사정을 알게 되었다.
17	다들 그렇게 해	하지만 지금은 다들 점점 더 기후친화적으로 되어 가고 있다.
18	그런데 중국에서는	중국은 여기 우리보다 덜 기후파괴적이다.
19	더 이상 듣고 싶지 않아	우리 다 기후·환경 문제에 대해서는 이제 그만 듣고 싶다. 하지만 기후친화적으로 살 때 적어도 비난은 더 이상 듣지 않아도 될 것이다.
20	확실한 건 죽음뿐	기후변화가 80, 90 혹은 99퍼센트 확률로 확실하다면 그건 아주 매우 확실한 것이다.
21	나는 기후 재해를 즐긴다	우리는 재해를 겪지 않을 때만 재해를 즐길 수 있다.

22	신기술이 구해줄 거야	신기술은 우리가 원할 때 더 기후친화적으로 행동할 수 있게 도움을 준다. 하지만 기술 자체가 모든 것을 해결해 주지는 않는다.
23	X, Y가 그렇게 말했지	거짓말이 성립되려면 언제나 거짓말을 하는 사람과 그 거짓말을 믿는 사람이 필요하다. 그리고 우리가 좀 더 똑똑해진다고 해서 뭐라고 할 사람은 없을 것이다.
24	기후 보호 정책이 경제를 망치고 있잖아	기후보호를 하지 않는다면 장기적으로 경제를 더 망칠 것이다.
25	다른 수많은 이유가 있다	중요한 결정을 내려야 할 때 우리에게 필요한 것은 단 하나의 좋은 이유다.

나가는 말과 감사의 말

감사하다고 느끼기만 하고 말하지 않아서 수많은 오해가 생긴다.

에른스트 하우슈카 Ernst R. Hauschka, **시인**

이 책의 역사는 2011년에 시작되었다. 경제 심리학 전공으로 박사 과정을 마친 나는 당시 비엔나 경제 경영 대학교에서 과학 프로젝트 공동 연구원으로 일하면서 조금씩 지속 가능성 연구의 세계로 빠져들어가고 있었다. 그러다 기쁘게도 (유명한 텔레비전 시리즈 〈내가 그녀를 만났을 때〉의 배경인) 뉴욕의 명문, 컬럼비아대학이 주최한 '지속 가능한 발전을 위한 국제 연구 협회International sustainable development research society' 연례 콘퍼런스에 참석할 기회가 찾아왔다. 우도 위르겐스Udo Jürgens의 노래 〈나는 뉴욕에 아직 가본 적이 없다네〉를 들으며 나는 콘퍼런스에 등록했고, 국제적으로 명망 있는 학자들의 강의와 토론을 들을 생각에 들떠 있었다.

그것은 젊은 학자로서의 나의 뇌를 매우 각성시키는 경험이었다. 콘퍼런스는 쾌적한 5월의 날씨인데도 에어컨을 틀어 18도까지 내려간 강의실과 세미나실에서 이루어졌다. 쉬는 시간에 먹을 수 있게 마련된 뷔페에는 참치 샌드위치와 소고기 핑거푸드가 등장했다. 미니 알루미늄 캔에 담긴 가당 음료들도 즐비했다. 지속 가능성에 대한 의지가 장소 제공자와 케이터링 업자들에게는 전달되지 않았던 모양이다.

전체 회의 첫 강연의 주제는 '유전자 조작'이었다. 강연자는 미국 과학 연합의 전 의장 니나 페도로프Nina Fedoroff였다. 당시 사우디아라비아 킹압둘라대학에서 교수로 있던 그는 매우 대담한 논제로 그곳 300명의 참석자들을 놀라게 했다. 그는 유전자 조작 식품들의 장점들에 대해 매우 일방적으로 설파했다. "유기농 농법으로는 90억 인구를 먹여 살릴 수 없다"가 주요 논지였다. 유전자 조작이 유일한 해결책이라고 했다. 그 콘퍼런스에서는 논쟁의 여지가 다분한 이런 성명들이 흔하게 이루어졌다. 참고로 보통은 이런 주장 후에 전문가들 사이에 좀 더 균형 잡힌 토론들이 이루어진다. 하지만 이 콘퍼런스에서는 그렇지 못했다. 사전에 뽑아둔 질문지를 보고 단순히 읽기만 했는데 "유전자 조작으로 훨씬 더 많은 사람을 먹여 살릴 수 있지 않을까요?" "유전자 조작의 장점에 대해 좀 더 말씀해주시겠요?" 같은 질문들뿐이었다. 물론 비판적인 질문들도 있었겠지만 뽑히지 못한 모양이다. 대서양을 날아가는 것까지 감수할 만큼 기대가 컸던 나는 그만큼 실망했다. 내가 이야기해본 다른 열정적인 학자들도 나와 똑같은 심정이었다. 지속 가능한 발전을 위한 국제 연구 협회 연례 콘퍼런스 참석은 그것이 처음이자 마지막이었다.

그럼에도 돌아보면 긍정적인 측면도 있었다. 어쩌다 만난 한 참석자가 오스트리아 그라츠대학에 연구직 자리가 하나 났는데 그 신청 마감이 다음 날이라고 알려줬다. 뉴욕의 인터넷 카페에서 나는 고심해서 이력서와 신청서를 보냈고, 그 자리를 얻어냈다. 그라츠 대학에서 나는 당시 불확실로 가득했던 내 학자적 진로에서 처음으로 긍정적이고 장기적인 전망을 볼 수 있었다. 그리고 그곳에서의 내 첫 과제는 결정 행위와 지속 가능성에 대한 수업을 기획하고 이끄는 일이었다.

10년 후인 2021년, 긴 여름휴가를 충분히 즐긴 나는 그동안 그 수업을 하면서 발전시킨 내용을 책으로 써봐야겠다고 생각했다. 어쨌든 지속 가능성 주제가 점점 사람들의 관심을 끌고 있었고, 그만큼 내 수업에 등록하는 학생의 수도 그 10년 동안 4배 이상 늘어났던 것이다. 그러므로 나는 수백 명의 그 열정적인 학생들에게 먼저 감사의 마음을 보낸다. 그들의 질문, 발표, 사례들이 수업을 풍성하게 만들어줬을 뿐 아니라 이 책에 대한 영감도 줬던 것이다. 그러므로 어느 정도는 10년 전 그 기묘한 지속가능성 콘퍼런스를 시작으로 한 일련의 행운이 이 책을 만들었다고 할 수도 있겠다.

물론 이 책을 실제로 만드는 데 도움을 준 모든 사람에게도 감사의 마음을 전하고 싶다. 먼저 안네히엔 회벤에게 감사한다. 안네히엔은 이 책에 등장하는 만화와 도표들을 그렸을 뿐만 아니라 아이디어와 피드백을 주는 등 가능한 한 모든 형태의 도움으로 이 책의 창조에 크게 공헌했다. 안네히엔이 없었다면 이 책은 전혀 다른 형태의 책이 되었을 것이다.

이 책을 비판적으로 읽어주고 좋은 아이디어와 질문을 많이 해준 멜라니 하러에게 특별한 감사의 마음을 전한다. 건설적인 비판은 언제나 그 값을 따질 수 없이 중요하다. 다음은 내가 또 감사하지 않을 수 없는 테스트 리딩, 피드백, 많은 제안과 기술적 조언, 연구 지원을 해주신 분들이다. 비르깃 라들, 요하네스 톤하우저, 마리 카펠러, 안나 탈러, 미하엘 크리흐바움, 랄프 아셔만, 율리아 벵어, 더글라스 마라운, 로마나 라우터, 라스 되링거, 알렉산드라 레흐너, 아리지트 파울과 그의 아이디어 실험실 조직. 그리고 내가 혹시 깜빡했을 수도 있는 다른 모든 이들에게도 감사한다.

이 책의 출간을 위해 재정적 후원을 아끼지 않으신 그라츠 대학의 환경 지역 교육학과 루돌프 에거 교수님께 감사의 말씀을 드린다. 그리고 나를 믿고 이 책을 출판해준 외컴 출판

사에 감사한다. 특히 이 책을 기획해준 아니카 크리스토프-안사리안과 이 책을 교정·편집해준 보리스 헥체코에게 감사한다.

매 장 도입부에 나오는 인용문은 대부분 지타터(zitate.net)나 구글 등 다양한 웹사이트에서 찾았다. 이 인용문들이 정말 언급된 사람들로부터 나온 것인지 아니면 사람들이 그냥 그렇게 생각하는 것인지는 미처 다 확인하지 못했다. 어쨌든 인용문 웹사이트 주인장들에게 무료로 다시 인용할 수 있게 해줬음에 감사한 마음을 전한다.

수많은 사람의 도움에도 불구하고 이 책에도 분명 오류가 있을 것이다. 그렇다면 그것은 오직 나의 잘못이다. 그래도 말로나 실제로나 돌팔매질은 하지 말아 주기 바란다.

주

1 유엔계발계획UNDP의 가장 최근 보고서에 따르면 세계 인구의 대다수가 기후위기를 인식하고 있다고 하지만 기후친화적으로 행동하지는 않는다. 다음을 확인해볼 것. UNDP, 〈People's Climate Vote〉, 2021, https://www.undp.org/publications/peoples-climate-vote. 이후 이 책에서 언급된 온라인 출처들은 모두 2024년 5월 현재 확인 가능한 링크들이다.

2 이 책에서 기후파괴적인 행위란 대안으로 제시되는 행위와 비교해서 더 많은 온실가스를 방출하고 따라서 세계적인 기후변화를 상대적으로 더 악화하는 행위를 뜻한다. "기후친화적"이란 표현은 온실가스 방출이 상대적으로 적은 대안적 행위를 말할 때 쓴다.

3 Wadsak (2020)

4 Schönwiese (2020)

5 Nelles & Serrer (2021)

6 Lynas et al. (2021)

7 출처를 포함한 이 재담에 대한 더 자세한 내용은 다음의 사이트에서 확인할 수 있다. https://falschzitate.blogspot.com/2017/04/die-lage-ist-hoffnungslos-aber-nicht.html.

8 　탄소는 가장 주의를 요하는 온실가스이지만 유일한 온실가스는 아니다. 효과 비교를 위해 배출량을 계산할 때 이산화탄소 환산량을 사용되는 경우가 많다. 즉, 메탄 배출량을 이산화탄소 배출량으로 '변환해' 표기한다.

9 　이것은 사용된 전기가 어떻게 생산된 전기냐에 따라 달라진다. 오스트리아에서는 1.4킬로그램의 이산화탄소가 방출된다.

10 　대중교통 탄소 방출량 출처는 오스트리아 연방 환경청 2008년 자료다.

11 　정확한 수치는 생산 조건에 따라 매우 달라질 수 있다. 가축 방목을 위해 열대 우림을 개간하며 기후에 미치는 부정적인 영향이 엄청나게 증가한다. 여기서는 유럽 기준 평균 수치를 말한다. 더 자세한 정보는 다음에서 확인할 수 있다. https://ourworldindata.org/carbon-footprint-food-methane.

12 　Rockström et al. (2009)

13 　'경제적 인간economic man' 개념은 다양한 출처들에 따르면 19세기 말 존 스튜어트 밀에게까지 거슬러 올라간다. 다음을 참조할 것. Persky(1995)

14 　Schwartz (2004)

15 　슈퍼마켓 알디, 호퍼는 2021년 11월 기준, 국내 생산 닭고기 1킬로그램을 1.99유로로 판매하고 있다. 다음을 참조할 것. https://www.oekoreich.com/medium/ausverkauf-der-landwirtschaft-hofer-verschleudert-huhn-um-199-euro. 같은 시간 방울토마토는 킬로그램당 2.29유로, 유기농 양송이 250그램이 5.96유로로, 방울양배추는 360그램에 5.53유로로, 미니 파프리카는 200그램에 5.59유로에 팔리고 있다. '공정거래 농장 치킨 윙' 같은 국내산 육가공식품도 정상 가격이 킬로당 5.18유로로 야채보다 싼 편이다.

16 　Scarborough et al. (2014)

17 　1인당 '기후 유지 가능한 탄소(환산량) 배출량' 1년 예산은 1.5톤으로 추정된다. 이것은 현재 독일 내 1인당 배출량의 약 10분의 1이다.

18 　Simon (1955)

19 　Ariely (2008)

20 　호모 욜로 개념이 다른 곳 혹은 전문 서적에서 언급되고 있는지는 모두 확인하지 못했다.

21 　매 장 도입부에 나오는 인용문은 대부분 지타터나 구글 등 다양한 웹사

이트에서 찾은 것들의 출처가 정말인지 아니면 사람들이 그냥 그렇게 생각하는 것인지는 모두 확인하지 못했다.

22 Arkes & Blumer (1985)

23 인지 부조화는 사회심리학자 레온 페스팅거Leon Festinger가 처음 언급한 개념이다. Festinger, 1957.

24 Ursin (2016)

25 Ong et al. (2017)

26 Bastian et al. (2012)

27 기후 부조화에 대해서는 다음을 참고할 것. Steurer (2021).

28 설명을 위해 미국 디자이너들은 인지 편향 목록Cognitive Bias Codex을 만들었다. 6개의 주요 범주와 여러 하위 범주 아래 총 188개의 인지 편향을 말해주는 목록이다.

29 Watts et al. (2018)

30 Laibson (1997)

31 나는 15년, 25년, 50년 전에 예측된 기후변화들이 대부분 얼마나 우스꽝스러운지 잘 알고 있다. 그런데도 기후변화가 앞으로도 가장 중요한 주제가 될 것이라고 예측한다. 단지 기후변화에 우리가 어떻게 대처할 것인지에 대한 예측은 포기한다.

32 Maier & Seligman (2016)

33 Hiroto (1974)

34 Thaller et al. (2020)

35 독일의 비정부 기구NGO 모어인커먼More in Common의 성명서. More in Common, 〈단결할 것인가? 쪼개질 것인가? 독일 내 기후보호와 사회적 협력〉, 2021, https://www.moreincommon.de/klimazusammenhalt/.

36 이 논의에 대한 짧은 요약은 다음을 확인할 것. https://www.tagesspiegel.de/themen/wahlkampfbeobachter/die-wahlkampfbeobachter-5-die-veggie-days-der-anderen-parteien/8619056.html.

37 Kahan et al. (2012)

38 Hornsey et al. (2016)

39 Kaplan et al. (2016)

40 Nyhan & Reifler (2010)

41 이것은 클리마악티브klimaktiv의 웹세미나 '사실을 잊어버리세요! 기후 커

뮤니케이션에 관한 10가지 논제'에 참여한 카렐 몬Carel Mohn이 한 말이다.
https://www.youtube.com/watch?v=5i_Zcq1ZbvQ

42   Pew Research Center (2015)

43   Bamberg (2006)

44   Schäfer et al. (2012); Ramezani et al. (2021)

45   Duhigg, C. (2012)

46   https://web.de/magazine/auto/studie-zeigt-fuenfte-deutscheauto-na-
     men-32676074.

47   https://www.kleinezeitung.at/auto/5294191/Baby-Flockiund-Fro-
     schi_40-Prozent-der-Oesterreicher-geben-ihren.

48   2017년 수치다. https://de.statista.com/statistik/daten/studie/716541/
     umfrage-der-autos-pro-haushalt-in-deutschland/.

49   아마도 틀린 정보겠지만 이 비슷한 말을 전 영국 수상 마거릿 대처가 했
     다고 전해진다. 어쨌든 80년대 시대정신을 반영하는 말인 건 분명하다.
     https://fullfact.org/news/margaret-thatcher-bus/.

50   Graybiel (2008)

51   Gardner & Rebar (2021)

52   https://www.zeit.de/mobilitaet/2021-12/radfahren-verkehrswende-
     auto-pendlerrad/.

53   습관과 관습에 대한 심리적·사회적 측면들에 대한 더 자세한 논의는 다음
     을 참조할 것. Kurz et al. (2015).

54   IPCC (2021)

55   기후변화에 대한 걱정을 담은 다음 영국의 보도가 그렇다. https://www.
     carbonbrief.org/guest-post-rolls-reveal-surge-in-concern-in-uk-
     about-climate-change.

56   https://blogs.lse.ac.uk/politicsandpolicy/uk-climate-changeviews/.

57   https://www.ipsos.com/en/what-worries-world-august-2021.

58   독일에 대한 정확한 자료는 공개되지 않았고 단지 응답자의 3분의 1이
     기후변화를 세 가지 가장 중요한 문제 중 하나로 뽑았다고 한다. 덧붙여
     여기서 감안해야 할 점은 2021년 독일에서는 선거 때문에 기후변화 문
     제가 보통 때보다 더 자주 거론되었으므로 이 결과가 일시적이고 단기적
     일 수 있다는 점이다. 오스트리아에서도 2020년 산불이 크게 났을 때 한

동안 기후변화가 큰 문제로 부상했지만 그 후 관심이 금방 시들해지기도 했다.

59 다음이 그런 의심스러운 연구의 예다. https://help.orf.at/stories/3211117.

60 이 수치는 대략적인 평균치와 순서를 보여주기 위한 것이다. 출처에 따라 추정치가 다를 수 있고 정확한 수치는 예를 들어 소유한/운전하는 자동차의 종류, 소고기의 원산지 같은 세부적인 사항들에 따라 달라진다. 여기서 제시된 수치들은 다양한 출처를 참고한 것이다. 2021년 11월 30일에 있었던 유엔 행동 사회 기관UN Behavioural Science Group 웹세미나에서 루시아 라이쉬Lucia A. Reisch가 비슷한 것을 보여줬던 덕분에 나도 이런 수치를 만들어볼 수 있었다. 다음의 자료와 함께 여기 언급된 수치를 비교해보는 것도 좋을 것이다. https://www.ecoconso.be/fr/Qu-est-ce-qu-une-tonne-de-CO2, https://climate.mit.edu/ask-mit/how-much-ton-carbon-dioxide 혹은 https://www.climateneutralgroup.com/en/news/what-exactly-is-1-tonne-of-co2/, https://projekte.sueddeutsche.de/artikel/wissen/kohlendioxid-e412457/.

61 이 수치는 오스트리아 환경청이 제시한 탄소 배출 요인들에 따른 것으로, 자동차 생산 과정에서 발생하는 배출가스도 포함되었다. 이것에 따르면 보통의 연소 엔진을 가진 자동차 1대가 1킬로미터를 달릴 때마다 평균 247그램의 탄소 환산량을 배출한다. 다음을 참조할 것. https://www.umweltbundesamt.at/umweltthemen/mobilitaet/mobilitaetsdaten/emissionsfaktoren-verkehrsmittel.

62 오스트리아 재생 에너지 전기를 기준으로 한 수치다. 오스트리아 환경청은 여기서 1킬로미터 달릴 때마다 약 100그램의 탄소 환산량이 방출된다고 보고 있다.

63 독일 환경청 계산에 따르면 크루즈선이 지중해를 일주일 운항할 때 1인당 1.9톤의 탄소 환산량을 배출한다. 이 사람들이 크루즈선이 있는 항구로 가고 집으로 오는 데 발생하는 탄소량은 포함되지 않았다. 다음을 참조할 것. https://www.umweltbundesamt.de/service/uba-fragen/wie-klimaschaedlich-sind-flugreisen-kreuzfahrten.

64 비트코인의 기후 발자국은 파괴적이다. 정확한 추정은 어렵지만 단일 거래에 필요한 에너지 요구량이 수백 킬로와트시로 추정된다. https://for-

tune.com/2021/11/06/offsetting-bitcoins-carbon-footprint-would-require-planting-300-million-new-trees/.

65 정확한 값은 데이터 전송 유형에 따라 다르다. 유선 전송이 무선 전송보다 기후친화적이다. 랜 기능을 갖춘 광섬유 및 구리 케이블일 경우 시간당 최대 4그램의 탄소 배출이 예상되며 휴대폰 전송의 경우 최대 90그램이 될 수 있다. 이 수치는 프라운호퍼 협회Fraunhofer-Institus 2021년 연구에 따른 것이다. https://help.orf.at/stories/3208476/.

66 앞에서 언급한, 루시아 라이쉬의 웹세미나에서 제시된 수치다.

67 Thøgersen & Crompton (2009)

68 Mullen & Monin (2016)

69 Blanken et al. (2015)

70 이름을 밝히지 않겠다는 조건으로 허락받았다.

71 다음을 참고할 것. Wynes&Nicholas(2017). 다양한 탄소 계산기들이 탄소 발자국 정보를 제공하는데, 다음과 같은 예가 있다. www.mein-fuss-abdruck.at과 www.wwf.de/themen-projekte/klimaenergie/wwf-kli-marechner.

72 Pieper et al. (2020)

73 Siehe https://www.swissveg.ch/transport?language=de.

74 실제로 채식은 매우 기후친화적이다. 다음을 참고할 것. Sun (2022), https://schience.orf.at/stories/3210824

75 연방 에너지 및 물 산업 협회Bundesverband der Energie-und Wasserwirtschaft에 따르면 독일 탄소 배출량의 약 18퍼센트, 즉 연간 1억 5,000만 톤의 탄소가 난방, 냉방, 온수 공급에서 발생한다. 다음을 참조할 것. https://www.bdew.de/presse/presseinformationen/zahl-der-woche-fast-einfuenf-tel-aller=co2-emissionenin-deutschland/.

76 Dhanda & Hartman (2011)

77 Gössling et al. (2007)

78 Gneezy & Rustichini (2000)

79 Mellström & Johannesson (2008). 헌혈 금전적 보상의 효과는 전문가들 사이에서 논란이 되고 있다. Niza et al.(2013)

80 Kerner & Brudermann (2021)

81 Spash (2010)

82   Cabeza-Gutes (1996)

83   Hopwood et al. (2005)

84   Doherty & Clayton (2011)

85   Pihkala (2020)

86   Wullenkord & Reese (2021)

87   Schneider et al. (2021)

88   Bilandzic et al. (2017)

89   Hickman et al. (2021)

90   미디어에서 이 사건을 대거 보도했다. 대표적으로 일간지 〈데어 슈탄다
      르트Der Standard〉가 있다. 다음을 참고할 것. https://www.derstandard.at/
      story/1267743483837/ortstrafelnvolksanwaeltin-kritisierteinstellung-
      des-doerflerverfahrens.

91   오스트리아 자유당FPÖ 의원 노버트 호퍼Norbert Hofer가 2020년 6월
      14일 ORF2에서 생방송으로 진행된 프로그램 〈임 센트룸Im Zentrum〉에서
      한 말이다.

92   Thaller & Brudermann (2020)

93   불화염화탄소는 실제로 이산화탄소와 비슷하게 기후에 영향을 미치고,
      마찬가지로 대기 중에 아주 오래 머문다. 그러나 오존층에 미치는 영향
      과 온실효과는 서로 독립적인 특성들이다. 오존층 파괴는 화학 반응으로
      인해 발생하며, 기후 영향은 분자의 물리적 특성으로 인해 발생한다. 그
      러므로 오존을 가장 많이 파괴하는 가스가 반드시 가장 강한 온실가스인
      것은 아니다. 다음의 설명을 참조할 것. https://bildungsserver.hamburg.
      de/treibhausgase/2058180/fckwtreibhausgase-artikel/.

94   Thaller & Brudermann (2020)

95   McLoughlin et al. (2019)

96   Fischer et al. (2019)

97   Ilieva et al. (2018)

98   Kruger & Dunning (1999)

99   더닝-크루거 효과는 자주 인용되지만 논란의 여지가 없지는 않다. 이 효
      과는 몇몇 능력에 대해서는 맞는 것 같지만 (생각보다 별로 그렇지 않을 수
      도 있음) 예를 들어 IQ 테스트 등에서는 그렇지 못하다. Gignac & Zajen-
      kowski (2020).

100   Gosselin et al. (2010)

101   Thaller et al. (2020)

102   Tobler et al. (2012)

103   Pasca & Poggio (2021)

104   Taylor & Brown (1994)

105   Blank et al. (2008)

106   하지만 이때의 공급 차질을 빚은 유일한 이유가 수에즈 운하 문제는 아니었을 것이다. 예를 들어 팬데믹으로 인한 항구, 화물 터미널 폐쇄 조치노 그 이유 중 하나였을 것이다. 다음을 참조할 것. https://www.ruhr24.de/service/lidl-aldi-weihnachteneinkaufen-lieferengpass-problem-kunden-supermarkt-netto-deutschland-2021-zr-91097766.html.

107   기후변화에 관한 정부간 협의체의 낙관적인 시나리오 문건 SSP1-1.9에 따르면 약 2050년부터 대기중 온실가스 농축량이 더 이상 올라가지 않을 것이다. 하지만 이런 가장 낙관적인 시나리오에서조차 해수면은 2300년까지 약 1미터 이상 높아질 것이다. (IPCC, 2021).

108   Dörner(1989/2007)

109   복잡한 시스템에 대한 인간의 개입은 효과를 발휘하는 데 대개 시간이 걸린다. 되르너는 복잡한 시스템을 다룰 때 우리가 과도한 조치를 취하는 경향을 보임도 보고했다(Dörner, 1989). 그의 실험에서 참가자들은 원하는 결과가 즉시 나오지 않으면 과도하고 불필요한 조치를 취하는 경우가 많았다.

110   위키피디아는 심리학자 에이브러햄 매슬로Abraham Maslow가 이 비유를 처음 들었다고 말한다. 1966년 매슬로는 이렇게 썼다. "내 생각에 당신이 가진 도구가 망치뿐이라면 모든 것을 그것이 마치 못인 양 다루고 싶을 것 같다."

111   Snell (2020)

112   Siebert (2001)

113   유럽여우는 호주에서 유해한 동물로 취급된다. https://agriculture.vic.gov.au/biosecurity/pest-animals/priority-pest-animals/red-fox. 뉴질랜드에서도 담비 같은 유럽 침입종들이 큰 피해를 낳았다. 날 수 있는 카카포 앵무새는 이미 멸종했다고 봤지만 집중 보호와 관찰을 통해 현재 200개체 정도가 생존해 있다. https://www.doc.govt.nz/kakapo-re-

covery.

114 https://www.faz.net/aktuell/wirtschaft/bundesregierung-schafft-foer-
derungfuer-palmoel-als-biokraftstoff-ab-17550054.html.

115 이 재생 난방 장려책과 그 엄청난 실패는 BBC를 비롯한 여러 매체
에서 보도된 바 있다. https://www.bbc.com/news/uknorthern-ire-
land-38414486

116 Edwards & Fry (2011)

117 Stern (2000)

118 Whitmarsh (2009)

119 탄소정보공개프로젝트CDP가 기후책임연구소, CAI와 공동으로 발표
한 수치다. https://www.theguardian.com/sustainable-business/2017/
jul/10/100-fossil-fuel-companies-investors-responsible-71-global-
emissions-cdp-study-climate-change.

120 기후책임연구소의 리처드 헤더Richard Heede의 보고. https://www.thegu-
ardian.com/environment/2019/oct/09/revealed-20-firms-third-car-
bon-emissions.

121 마이클 만의 이 인용문도 가디언에서 발췌하여 직접 번역한 것이다.
https://www.theguardian.com/environment/2019/oct/09/revealed-
20-firms-third-carbon-emissions.

122 Otto et al. (2019)

123 Gössling & Humpe (2020)

124 Liberman & Trope (2008)

125 Spence et al. (2012)

126 Weber (2016)

127 Trope & Liberman (2010)

128 Berns et al. (2005)

129 Schultz et al. (2007)

130 Goldstein et al. (2008)

131 Cialdini et al. (2006)

132 Keizer et al. (2008)

133 이것은 여러 일요 신문의 무인 판매를 대신하는 물류 회사로부터 구체적
인 수치는 밝히지 않는다는 조건으로 얻은 정보다.

134   Brudermann et al. (2015)

135   Cohn et al. (2019)

136   Asch (1951)

137   Berns et al. (2005)

138   Levitt & Dubner (2005)

139   van Benthem (2015)

140   Uzzell (2000)

141   더 많은 수치와 정보는 다음 사이트에서 확인 바란다. https://ourworl-dindata.org/contributed-most-global-co2.

142   Sanfey et al. (2003)

143   Henrich et al. (2005)

144   Axelrod (1984)

145   Fehr & Fischbacher (2004)

146   중국과 인도도 글래스고에서 있었던 UN 기후변화 콘퍼런스 COP26에서 이 문제를 제기한 바 있다.

147   Sanfey (2007)

148   Herrmann et al. (2008)

149   Ostrom et al. (2012)

150   Brudermann (2010)

151   https://www.regenwaldschuetzen.org/unsere-projekte/bildungs-projekte/systemeverstehen/fallen-undchancen-der-nachhaltigkeitskommunikation/.

152   Markowitz et al. (2014)

153   Charness et al. (2010)

154   이 수수께끼는 정체를 알 수 없는 택시 기사가 뺑소니를 저지르는 유명한 퍼즐의 변형이다.

155   문제를 단순화하기 위해 여기서는 문제의 그 배를 알아낼 수 있는 전파 기록은 없는 것으로 한다.

156   영국에서는 아스트라제네카 백신 접종 1,800만 건 중 30건의 혈전증 사례가 보고되었다. https://www.bb.com/news/health-56616119.

157   Gustafson et al. (2020)

158   Gaissmaier & Gigerenzer (2012)

159 Gigerenzer (2009)

160 Gigerenzer (2013)

161 유튜브에 'Risk literacy: Gerd Gigerenzer at TedxZurich'라는 제목으로 테드 강의가 올라와 있다. Gerd Gigerenze, ⟨Risk literacy: Gerd Gigerenzer at TedxZurich⟩, 2013. https://www.youtube.com/watch?v=g4op2WNc1e4.

162 Swyngedouw (2021)

163 Randall & Hoggett (2018)

164 Head & Harada (2017)

165 Siehe https://www.washingtonpost.com/national/looting-rumors-and-fear-ofcrime-often-exaggeratedafter-natural-disasters/2017/09/01/14fc6546-8f57-11e7-a2b0-e68cbf0b1f19_story.html.

166 이 인용문은 2021년 여름 '비엔나 호이리게에서의 아놀드와의 대화' 행사에서 그가 한 말이다. https://www.youtube.com/watch?v=tehVDisbwyw 참조. 다음은 좀 더 정확한 번역 영상이다. https://www.film.at/stars/schwarzenegger-van-der-bellen-heurigen-klima-stammtisch/401751780.

167 말장난을 좀 쳐봤다. 물론 "석기 시대" 운운한 전 오스트리아 총리 제바스티안 쿠르츠Sebastian Kurz를 두고 한 말이다. https://www.sn.at/panorama/klimawandel/kurz-will-klimawandel-ohne-verzicht-bekaempfen-kein-weg-zurueck-in-die-steinzeit-106918420.

168 Samuelson & Zeckhauser(1988)

169 Fenzl & Brudermann (2009)

170 Roque et al. (2021)

171 자세한 내용은 다음을 확인할 것 https://www.wired.com/story/carbon-neutral-cows-algae/.

172 이 주장은 논쟁의 여지가 있다.

173 Geels (2004)

174 Thaller et al. (2020)

175 2021년 11월 4일 ZIB2(ORF 방송국의 텔레비전 뉴스 방송) 인터뷰에서 기후학자 고트프리드 키르헨가스트Gottfried Kirchengast가 한 말을 거칠게 인용한 것이다.

176 Brudermann et al. (2019)

177 Köhler et al. (2019)

178 FM4 라디오 방송국의 라디오 진행자 크리스 커민스Chris Cummins가 비슷한 말을 했던 것 같다. 나는 그 말이 모리슨의 말과 비슷하게 들렸다.

179 2019년 기자 회견에 따르면 오스트리아 네스프레소 캡슐의 재활용 양은 약 3분의 1 정도다. 2021년 내가 다시 물었을 때 이 회사는 재활용률이 여전히 33퍼센트라고 했다. 네스프레소의 소통 방식은 많은 면에서 그린워싱을 떠올리게 했다. (관련 없는 사실을 강조하고, 네스프레소가 다른 캡슐보다 낫다고 주장하고, 모호한 진술을 하고, 독립적인 제3자가 인증한 증거가 부족하다.)

180 일간지 〈데어 팔터Der Falter〉의 다음 기사 참조 바란다. https://www.falter.at/zeitung/20210210/das-geschaeft-mit-den-guetesiegeln/_c93ceb2678.

181 환경 마케팅 기관 테라초이스TerraChoice의 "그린워싱의 일곱 가지 행태"는 온라인에서 더 이상 찾아볼 수 없지만 달Dahl의 2010년 연구를 비롯한 여러 연구에서 언급되었다.

182 Siehe z. B. https://www.derstandard.at/story/2000126812732/aussagen-der-wirtschaftskamm er-zum-klimaschutz-sorgen-fuer-dicke-luft.

183 이런 견해는 예를 들어 덴마크 작가 비외른 롬보르Bjørn Lomborg에 의해 전파되었다. 롬보르의 책들은 방법론적인 문제와 내용상의 오류로 과학자들로부터 강하게 비판받았다. https://www.nytimes.com/2020/07/16/books/review/bjorn-lomborg-false-alarm-josepf-stiglitz.html.

184 "경제가 좋으면 다 좋다"는 실제로 기업가들 이익의 법적 대변자인 오스트리아 상공회의소가 내건 슬로건이다.

185 Kikstra et al. (2021)

186 Shindell et al. (2021)

187 다음을 참조할 것. https://science.orf.at/v2/stories/2876589/.

188 https://www.derstandard.at/story/2000130895350/von-derleyen-erntet-kritik-fuer-19-minuten-flug-von.

189 2021년에 주석 188의 기사 아래 아이디 'Selfdefense'가 남긴 논평이다.

190 Diamond (2015)

191 종합해서 다이아몬드는 모두 함께 일어날 수도 있는 네 가지 요소를 언급한다. 기후변화, 적대적인 이웃과의 전쟁, 환경 문제, 우방의 협력 감소

가 그것이다.

192   원문은 다음과 같다. "Human beings, viewed as behaving systems, are qui-
te simple. The apparent complexity of our behavior over time is largely
a reflection of the complexity of the environment in which we find our-
selves." 다음을 참조할 것. https://quotepark.com/quotes/1181371−her-
bert−a−si−mon−human−beings−viewed−as−behaving−systems−are−
quit/.

193   이 수치는 다음 설문조사의 결과다. https://www.deutsche−apothe-
ker−zeitung.de/news/artikel/2018/05/08/36−proent−besitzen−einen−
organspendeausweis

194   Thaler & Sunstein (2008)

195   "Behavioral Insights"를 검색하면 OECD의 흥미로운 정보들을 제공하
는 사이트들이 많이 뜬다. 다음을 참조할 것. https://www.oecd.dor/gov/
regulatory−policy/behavioural−insights.htm.

196   독일에서 게르트 기거렌처Gerd Gigerenzer는 넛지 행태의 가장 신랄한 비평
가 중 한 명이다. 다음을 참조할 것. https://www.die−debatte.org/nud-
ging−interview−gigerenzer/.

197   구내식당에 채식 선택이 좀 더 쉬울수록 고기 소비가 줄어든다. Pe-
chey(2022), Garnett(2019).

198   McCarthy et al. (2021)

199   Siehe https://www.unter1000.de/.

200   Siehe https://orf.at/stories/3245743/.

201   독일 방송 ARD의 뉴스 방송 〈타게스샤우Tagesschau〉 보도. Tagesschau,
〈Airlines beklagen Zwang zu Leerflügen〉, 2022. https://www.tagesschau.
de/wirtschaft/unternehmen/eu−fluglinienslots−101.html.

202   Stern (2007)

203   Bayer & Aklin (2020)

204   Mann (2021)

205   https://www.sueddeutsche.de/politik/taxonomie−atomkraft−erdgas−
eu−kommission−1.5499363.

206   그런데 2021년 천연가스 가격 상승으로 화력 발전이 다시 부상했
다. https://www.spiegel.de/wirtschaft/rueckschlag−fuer−klima−

schutz-kohleverstromung-in-den-usa-steigt-drastisch-an-
a-88fc6090-9211-4644-921e-856273b0508b.

207 팬데믹 동안 과학에 대한 신뢰가 높을수록 팬데믹 조치들을 사람들이 더
잘 따른다는 사실이 관찰되었다. Algan(2021).

208 시뮬레이션 연구의 결과는 복잡한 실제 상황에 일대일로 적용할 수 없으
므로 단지 히니의 징보로 받아늘여야 할 것이다. Centola(2018).

참고문헌

Algan, Y./Cohen, D./Davoine, E./Foucault, M./Stantcheva, S. (2021). Trust in scientists in times of pandemic: Panel evidence from 12 countries. PNAS 118(40): e210857611.

Ariely, D. (2008). Predictable Irrational: The Hidden Forces That Shape Our Decisions. New York: Harper Collins.

Arkes, H. R./Blumer, C. (1985). The psychology of sunk cost. *Organizational Behavior and Human Decision Processes* 35(1): 124-140.

Asch, S. E. (1951). Effects of group pressure upon the modification and distortion of judgements. In: H. Guetzkow (Hg.). Groups, Leadership and Men: Research in Human Relations (177-190). Lancaster: Carnegie Press.

Axelrod, R. (1984). The evolution of cooperation. New York: Basic Books.

Bamberg, S. (2006). Is a Residential Relocation a Good Opportunity to Change People's Travel Behavior? Results From a Theory−Driven Inter− vention Study. *Environment and Behavior* 38: 820-840.

Bastian, B./Loughnan, S./Haslam, N./Radke, H. R. M. (2012). Don't mind meat? The denial of mind to animals used for human consumption. *Personality and Social Psychology Bulletin* 38(2): 247-256.

Bayer, P./Aklin, M. (2020). The European Union Emissions Trading System reduced CO2 emissions despite low prices. *PNAS* 117(16): 8804-8812.

Berns, G. S./Chappelow, J./Zink, C. F./Pagnoni, G./Martin–Skurski, M. E./ Richards, J. (2005). Neurobiological Correlates of Social Conformity and Independence During Mental Rotation. *Biological Psychiatry* 58(3): 245-253.

Bilandzic H./Kalch, A./Soentgen, J. (2017). Effects of goal framing and emotions on perceived threat and willingness to sacrifice for climate change. *Science Communication* 39: 466-491.

Blank, H./Nestler, S./von Collani, G./Fischer, V. (2008). How many hind– sight biases are there? *Cognition* 106(3): 1408-1440.

Blanken, I./van de Ven, N./Zeelenberg, M. (2015). A meta–analytic review of moral licensing. *Personality & Social Psychology Bulletin* 41(4): 540-558.

Brudermann, T. (2010). Massenpsychologie: Psychologische Ansteckung, kollektive Dynamiken, Simulationsmodelle. Wien: Springer.

Brudermann, T./Bartel, G./Fenzl, T./Seebauer, S. (2015). Eyes on social norms: A field study on an honor system for newspaper sale. *Theory and Decision* 79(2): 285-306.

Brudermann, T./Zaman, R./Posch, A. (2019). Not in my hiking trail?

Acceptance of wind farms in the Austrian Alps. *Clean Technologies and Environmental Policy* 21: 1603-1616.

Cabeza–Gutes, M. (1996). The concept of weak sustainability. *Ecological Economics* 17(3): 147-56.

Centola, D./Becker, J./Brackbill, D./Baronchelli, A. (2018). Experimental evidence for tipping points in social convention. *Science* 360: 1116-1119.

Charness, G./Karni, E./Levin, D. (2010). On the conjunction fallacy in probability judgment: New experimental evidence regarding Linda. *Games and Economic Behavior* 68(2): 551-556.

Cialdini, R. B./Demaine, L. J./Sagarin, B. J./Barrett, D. W./Rhoads, K./Win– ter, P. L. (2006). Managing social norms for persuasive impact. *Social Influence* 1(1): 3-15.

Cohn, A./Maréchal, M. A./Tannenbaum, D./Zünd, C. L. (2019). Civic ho‑ nesty around the globe. *Science* 365(6448): 70‑73.

Dahl, R. (2010). Greenwashing: Do You Know What You're Buying? *Environ‑ mental Health Perspectives* 118(6): 246‑252.

Dhanda K. K./Hartman, L. P. (2011). The Ethics of Carbon Neutrality: A Critical Examination of Voluntary Carbon Offset Providers. *Journal of Business Ethics* 100: 119‑149.

Diamond, J. (2015). Collapse: How Societies Choose to Fail or Succeed.

New York: Viking Press.

Doherty, T. J./Clayton, S. (2011). The Psychological Impacts of Global Cli‑ mate Change. *American Psychologist* 66(4): 265‑276.

Dörner, Dietrich (1989/2007). Die Logik des Misslingens: Strategisches Denken in komplexen Situationen. Hamburg: Rowohlt.

Duhigg, C. (2012). Die Macht der Gewohnheit: Warum wir tun, was wir tun. Ber‑ lin: Berlin‑Verlag.

Edwards, C./Fry, J. M. (2011). Life Cycle Assessment of Supermarket Car‑ rier Bags. UK Environment Agency, Report SC030148.

Fehr, E./Fischbacher, U. (2004). Social norms and human cooperation.

Trends in Cognitive Sciences 8(4): 185‑190.

Fenzl, T./Brudermann, T. (2009): Risk behavior in decision‑making in a multi‑ person‑setting. *Journal of Socio-Economics* 38(5): 752‑756.

Festinger, L. (1957). A theory of cognitive dissonance. Stanford University Press.

Fischer, H./Amelung, D./Said, N. (2019). The accuracy of German citizens' confi‑ dence in their climate change knowledge. *Nature Climate Change* 9(10): 776‑780.

Gaissmaier, W./Gigerenzer, G. (2012). 9/11, Act II: A Fine‑Grained Analysis of Regional Variations in Traffic Fatalities in the Aftermath of the Terrorist Attacks. *Psychological Science* 23(12): 1449‑1454.

Gardner, B./Rebar, A. (2021). Habit Formation and Behavior Change. *Oxford Research Encyclopedia of Psychology* [https://oxfordre.com/ psycho‑ logy/view/10.1093/acrefore/9780190236557.001.0001/acrefore‑

9780190236557—e—129].

Garnett, E. E./Balmford, A./Sandbrook, C./Pilling, M. A./Marteau, T. M. (2019). Impact of increasing vegetarian availability on meal selection and sales in cafeterias. *PNAS* 116(42): 20923-20929.

Geels, F. W. (2004). From sectoral systems of innovation to socio—technical systems. *Research Policy* 33(6-7): 897-920.

Gigerenzer, G. (2009). Making sense of health statistics. *Bulletin of the World Health Organization* 87(8): 567-568.

Gigerenzer, G. (2013). Risiko: Wie man die richtigen Entscheidungen trifft. München: C. Bertelsmann Verlag.

Gignac, G. E./Zajenkowski, M. (2020). The Dunning—Kruger effect is (mostly) a statistical artefact: Valid approaches to testing the hypothe— sis with individual differences data. *Intelligence* 80: 101449.

Gneezy, U./Rustichini, A. (2000). A Fine is a Price. *The Journal of Legal Studies* 29(1): 1-18.

Goldstein, N. J./Cialdini, R. B./Griskevicius, V. (2008). A Room with a View—point: Using Social Norms to Motivate Environmental Conservation in Hotels. *Journal of Consumer Research* 35(3): 472-482.

Gosselin, D./Gagnon, S./Stinchcombe, A./Joanisse, M. (2010). Comparative optimism among drivers: An intergenerational portrait. *Accident Ana- lysis and Prevention* 42(2): 734-740.

Gössling, S./Broderick, J./Upham, P./Ceron, J. P./Dubois, G./Peeters, P./ Strasdas, W. (2007). Voluntary carbon offsetting schemes for aviation: Efficiency, credibility and sustainable tourism. *Journal of Sustainable Tourism* 15(3): 223-248.

Gössling, S./Humpe, A. (2020). The global scale, distribution and growth of aviation: Implications for climate change. *Global Environmental Change* 65: 102194.

Graybiel, A. M. (2008). Habits, Rituals, and the Evaluative Brain. *Annual Review of Neuroscience* 31(1): 359-387.

Gustafson, A./Ballew, M. T./Goldberg, M. H./Cutler, M. J./Rosenthal, S. A./ Leiserowitz, A. (2020). Personal Stories Can Shift Climate Change Be—

liefs and Risk Perceptions: The Mediating Role of Emotion. *Communi- cation Reports* 33(3): 121-135.

Head, L./Harada, T. (2017). Keeping the heart a long way from the brain: The emotional labour of climate scientists. *Emotion, Space and Society* 24: 34-41.

Henrich, J./Boyd, R./Bowles, S./Camerer, C./Fehr/E./Gintis, H./···/Tracer, D. (2005). ≫Economic man≪ in cross−cultural perspective: Behavioral ex− periments in 15 small−scale societies. *The Behavioral and Brain Sciences* 28(6): 795-815.

Herrmann, B./Thöni, C./Gächter, S. (2008). Antisocial punishment across societies. *Science* 319: 1362-1367.

Hickman, C./Marks, E./Pihkala, P./Clayton, S./Lewandowski, R. E./Mayall,

E. E./Wray, B./Mellor, C./van Susteren, L. (2021). Climate anxiety in children and young people and their beliefs about government res− ponses to climate change: a global survey. *The Lancet Planetary Health* 5(12): e863-e873.

Hiroto, D. S. (1974). Locus of control and learned helplessness. *Journal of Experimental Psychology* 102(2): 187-193.

Hopwood, B./Mellor, M./O'Brien, G. (2005). Sustainable Development: Mapping Different Approaches. *Sustainable Development* 13: 38-52.

Hornsey, M. J./Harris, E. A./Bain, P. G./Fielding, K. S. (2016). Meta−analyses of the determinants and outcomes of belief in climate change. *Nature Climate Change* 6(6): 622-626.

Ilieva, V./Brudermann, T./Drakulevski, L. (2018). ≫Yes, we know!≪ (Over) confidence in general knowledge among Austrian entrepreneurs. *PLOS ONE* 13(5): e0197085.

IPCC, 2021: Summary for Policymakers. In: Climate Change 2021: The Physical Science Basis. Contribution of Working Group I to the Sixth Assessment Report of the Intergovernmental Panel on Climate Change [Masson− Delmotte/V. P. Zhai/A. Pirani/S. L. Connors/C. Péan/S. Ber− ger/N. Caud/Y. Chen/L. Goldfarb/M.I. Gomis/M. Huang/K. Leitzell/E. Lonnoy/J. B. R. Matthews/T. K. Maycock/T. Waterfield/O. Yelekçi/R. Yu/B. Zhou (Hg.)]. Cambridge University Press.

Kahan, D. M./Peters, E./Wittlin, M./Slovic, P./Ouellette, L. L./Braman, D./Mandel, G. (2012). The polarizing impact of science literacy and numeracy on perceived climate change risks. *Nature Climate Change* 2(10): 732-735.

Kaplan, J. T./Gimbel, S. I./Harris, S. (2016). Neural correlates of maintai-ning one's political beliefs in the face of counterevidence. *Scientific Reports* 6(1): 1-11.

Keizer, K./Lindenberg, S./Steg, L. (2008). The spreading of disorder. *Science* 332: 1681-85.

Kerner, C./Brudermann, T. (2021). I Believe I Can Fly — Conceptual Foun-dations for Behavioral Rebound Effects Related to Voluntary Carbon Offsetting of Air Travel. *Sustainability* 13: 4774.

Kikstra, J. S./Waidelich, P./Rising, J./Yumashev, D./Hope, C./Brierley, C. M. (2021). The social cost of carbon dioxide under climate-economy feedbacks and temperature variability. *Environmental Research Letters* 16: 094037.

Köhler, J./Geels, F. W./Kern, F./Markard, J./Onsongo, E./Wieczorek, A./ Alkemade, F./Avelino, F./Bergek, A./Boons, F./Fünfschilling, L./Hess, D./Holtz, G./Hyysalo, S./Jenkins, K./Kivimaa, P./Martiskainen, M./ McMeekin, A./Mühlemeier, M. S./···/Wells, P. (2019). An agenda for sus-tainability transitions research: State of the art and future directions. *Environmental Innovation and Societal Transitions* 31: 1-32.

Kruger, J./Dunning, D. (1999). Unskilled and unaware of it: How difficulties in recognizing one's own incompetence lead to inflated self-assess-ments. *Journal of Personality and Social Psychology* 77(6): 1121-1134.

Kurz, T./Gardner, B./Verplanken, B./Abraham, C. (2015). Habitual be-haviors or patterns of practice? Explaining and changing repetitive climate-relevant actions. *WIREs Climate Change* 6(1): 113-128.

Laibson, D. (1997). Golden Eggs and Hyperbolic Discounting. *The Quarterly Journal of Economics* 112(2): 442-477.

Levitt, S. D./Dubner, S. J. (2005). Freakonomics. London: Penguin Books

Liberman, N./Trope, Y. (2008). The psychology of transcending the here and now. *Science* 322: 1201-1205.

Lynas, M./Houlton, B.Z./Perry, S. (2021). Greater than 99% consensus on human caused climate change in the peer−reviewed scientific litera− ture. *Environmental Research Letters* 16: 114005.

Maier, S. F./Seligman, M. E. P. (2016). Learned helplessness at fifty: Insights from neuroscience. *Psychological Review* 123(4): 349-367.

Mann, M. (2021). The New Climate War: The Fight to Take Back Our Planet.
New York: Public Affairs.

Markowitz, E./Hodge, C./Harp, G. (2014). Connecting on climate: A guide to effective climate change communication. Report by ecoAmerica and Center for Research on Environmental Decisions [http://ecoame− rica.org/wp−content/uploads/2014/12/ecoAmerica−CRED−2014−Connec−ting−on−Climate.pdf].

McCarthy, L./Delbosc, A./Kroesen, M./de Haas, M. (2021). Travel attitudes or behaviours: Which one changes when they conflict? *Transportation* [doi.org/10.1007/s11116−021−10236−x].

McLoughlin, N./Corner, A./Clarke, J./Whitmarsh, L./Capstick, S./Nash, N. (2019). Mainstreaming low−carbon lifestyles. Oxford: Climate Outreach.

Mellström, C./Johannesson, M. (2008). Crowding Out in Blood Donation: Was Titmuss Right? *Journal of the European Economic Association* 6(4): 845-863.

Mullen, E./Monin, B. (2016). Consistency Versus Licensing Effects of Past Moral Behavior. *Annual Review of Psychology* 67(1): 363-385.

Nelles, D./Serrer, C. (2021). Machste dreckig − Machste sauber: Die Klima− lösung. Friedrichshafen: KlimaWandel.

Niza, C./Tung, B./Marteau, T. M. (2013). Incentivizing blood donation: Sys−tematic review and meta−analysis to test Titmuss' hypotheses. *Health Psychology* 32(9): 941-949.

Nyhan, B./Reifler, J. (2010). When corrections fail: The persistence of politi− cal misperceptions. *Political Behavior* 32(2): 303-330.

Ong, A. S. J./Frewer, L./Chan, M. Y. (2017). Cognitive dissonance in food and nu−trition − A review. Critical Reviews in *Food Science and Nutrition* 57(11): 2330-2342.

Österreichisches Umweltbundesamt (2018): Emissionsfaktoren bezogen auf Perso-

nen−/Tonnenkilometer [www.umweltbundesamt.at/umweltthe− men/
mobilitaet/mobilitaetsdaten/emissionsfaktoren−verkehrsmittel].

Ostrom, E./Chang, E./Pennington, M./Tarko, V. (2012). The Future of the Com-
mons: Beyond Market Failure and Government Regulation. Lon− don:
Institute of Economic Affairs.

Otto, I. M./Kim, K. M./Dubrovsky, N. et al. (2019). Shift the focus from the su-
per−poor to the super−rich. *Nature Climate Change* 9: 82-84.

Pasca, L./Poggio, L. (2021). Biased perception of the environmental impact of
everyday behaviors. *The Journal of Social Psychology* [doi.org/10.1080/
00224545.2021.2000354].

Pechey, R./Bateman, P./Cook, B. et al. (2022). Impact of increasing the relative
availability of meat−free options on food selection: Two natural field
experiments and an online randomised trial. *International Journal of Beha-
vioral Nutrition and Physical Activity* 19: 9.

Persky, J. (1995). Retrospectives: The Ethology of Homo economicus. *The Journal
of Economic Perspectives* 9(2): 221-231.

Pew Research Center (2015). Global Concern about Climate Change, Broad Sup-
port for Limiting Emissions. Report [https://www.pewresearch.org/
global/2015/11/05/global−concern−about−climate−change−broad−
support−for−limiting−emissions/].

Pieper, M./Michalke, A./Gaugler, T. (2020). Calculation of external climate costs
for food highlights inadequate pricing of animal products. *Nature Com-
munications* 11: 6117.

Pihkala, P. (2020). Anxiety and the Ecological Crisis: An Analysis of Eco− Anxiety
and Climate Anxiety. *Sustainability* 12(19): 1-20.

Ramezani, S./Hasanzadeh, K./Rinne, T./Kajosaari, A./Kyttä, M. (2021). Resi−
dential relocation and travel behavior change: Investigating the effects of
changes in the built environment, activity space dispersion, car and bike
ownership, and travel attitudes. *Transportation Research Part A: Policy and
Practice* 147: 28-48.

Randall, R./Hoggett, P. (2018). Engaging with Climate Change: Compa− ring the
Cultures of Science and Activism. *Environmental Values* 27(3): 223-243.

Rockström, J./Steffen, W./Noone, K. et al. (2009). A safe operating space for humanity. *Nature* 461: 472-475.

Roque, B. M./Venegas, M./Kinley, R. D./de Nys, R./Duarte, T. L./Yang, X./ Kebreab, E. (2021). Red seaweed (Asparagopsis taxiformis) supplemen- tation reduces enteric methane by over 80 percent in beef steers. *PLOS ONE* 16(3): e0247820.

Samuelson, W./Zeckhauser, R. (1988). Status quo bias in decision making. *Journal of Risk and Uncertainty* 1(1): 7-59.

Sanfey, A. G./Rilling, J. K./Aronson, J. A./Nystrom, L. E./Cohen, J. D. (2003). The neural basis of economic decision-making in the ultimatum game. *Science* 300: 1755-1758.

Sanfey, A. G. (2007). Social decision-making: insights from game theory and neuroscience. *Science* 318: 598-602.

Scarborough, P./Appleby, P. N./Mizdrak, A./Briggs, A. D. M./Travis, R. C./ Bradbury, K. E./Key, T. J. (2014). Dietary greenhouse gas emissions of meat-eaters, fish-eaters, vegetarians and vegans in the UK. *Climatic Change* 125(2): 179-192.

Schäfer, M./Jaeger-Erben, M./Bamberg, S. (2012). Life Events as Windows of Opportunity for Changing Towards Sustainable Consumption Pat- terns? *Journal of Consumer Policy* 35(1): 65-84.

Schneider, C. R./Zaval, L./Markowitz, E. M. (2021). Positive emotions and climate change. *Current Opinion in Behavioral Sciences* 42: 114-120.

Schönwiese, C. (2020). Klimawandel kompakt: Ein globales Problem wis- senschaftlich erklärt. Stuttgart: Lehmanns.

Schultz, P. W./Nolan, J. M./Cialdini, R. B./Goldstein, N. J./Griskevicius, V. (2007). The Constructive, Destructive, and Reconstructive Power of Social Norms. *Psychological Science* 18(5): 429-434.

Schwartz, B. (2004). The Paradox of Choice. New York: Harper Perennial.

Shindell, D./Ru, M./Zhang, Y./Seltzer, K./Faluvegi, G./Nazarenko, L./ Schmidt, G. A./Parsons, L./Challapalli, A./Yang, L./Glick, A. (2021). Temporal and spatial distribution of health, labor, and crop benefits of climate change mitigation in the United States. *PNAS* 118 (46): e2104061118.

Siebert, H. (2001). Der Kobra-Effekt: Wie man Irrwege der Wirtschaftspoli- tik vermeidet. Stuttgart: Deutsche Verlags-Anstalt.

Simon, H.A. (1955). A Behavioral Model of Rational Choice. *The Quarterly Journal of Economics* 69(1): 99-118.

Snell, S. (2020). Toward a More Sustainable World. A global study of public opi- nion. Presented to the World Economic Forum by SAP + Qualtrics [https://www3.weforum.org/docs/WEF_More_Sustaina- ble_World.pdf].

Spash, C. L. (2010). The Brave New World of Carbon Trading. *New Political Econo- my* 15(2): 169-195.

Spence, A./Poortinga, W./Pidgeon, N. (2012). The Psychological Distance of Cli- mate Change. *Risk Analysis* 32(6): 957-972.

Stern, P. C. (2000). Toward a coherent theory of environmentally signifi- cant be- havior. *Journal of Social Issues* 56(3): 407-424.

Stern, N. H. (2007). The economics of climate change: The Stern review.

Cambridge (UK): Cambridge University Press.

Steurer, R. (2021). The climate dissonance theory: Why we have not solved the climate crisis so far. Discussion Paper 1-2021. Institut für Wald-, Um- welt- und Ressourcenpolitik, BOKU Wien.

Sun, Z./Scherer, L./Tukker, A./Spawn-Lee, S. A./Bruckner, M./Gibbs, H. K./ Behrens, P. (2022). Dietary change in high-income nations alone can lead to substantial double climate dividend. *Nature Food* 3: 29-37.

Swyngedouw, E. (2021). »The Apocalypse is Disappointing: The Depoli- tici- zed Deadlock of the Climate Change Consensus«. In: Pellizzoni L./ Leonardi E./Asara V. (Hg) Handbook of Critical Environmental Politics. London: E. Elgar.

Taylor, S. E./Brown, J. D. (1994). Positive Illusions and Well-Being Revisited: Se- parating Fact From Fiction. *Psychological Bulletin* 116(1): 21-27.

Thaler, R. H./Sunstein, C. R. (2008). Nudge. Improving Decisions About Health, Wealth and Happiness. Yale: Yale University Press.

Thaller, A./Fleiß, E./Brudermann, T. (2020). No glory without sacrifice — drivers of climate (in)action in the general population. *Environmental Science & Policy* 114: 7-13.

Thaller, A./Brudermann, T. (2020). ≫You know nothing, John Doe≪ - Jud-gmental over-confidence in lay climate knowledge. *Journal of Environmental Psychology* 69: 101427.

Thøgersen, J./Crompton, T. (2009). Simple and Painless? The Limitations of Spill-over in Environmental Campaigning. *Journal of Consumer Policy* 32(2): 141-163.

Tobler, C./Visschers, V. H. M./Siegrist, M. (2012). Consumers' knowledge about climate change. *Climatic Change* 114(2): 189-209.

Trope, Y./Liberman, N. (2010). Construal-Level Theory of Psychological Distance. *Psychological Review* 117(2): 440-463.

Ursin, L. (2016). The Ethics of the Meat Paradox. *Environmental Ethics* 38(2): 131-144.

Uzzell, D. L. (2000). The psycho-spatial dimension of global environmental prob-lems. *Journal of Environmental Psychology* 20(4): 307-318.

van Benthem, A. A. (2015). Energy leapfrogging. *Journal of the Association of Environmental and Resource Economists* 2(1): 93-132.

Wadsak, M. (2020). Klimawandel: Fakten gegen Fake und Fiktion. Wien: Brau-müller Verlag.

Watts, T. W./Duncan, G. J./Quan, H. (2018). Revisiting the Marshmallow Test: A Conceptual Replication Investigating Links Between Early Delay of Gratification and Later Outcomes. *Psychological Science* 29(7): 1159-1177.

Weber, E. U. (2016). What shapes perceptions of climate change? New research since 2010. *WIREs Climate Change* 7(1): 125-134.

Whitmarsh, L. (2009). Behavioural responses to climate change: Asymme- try of intentions and impacts. *Journal of Environmental Psychology* 29(1): 13-23.

Wullenkord, M. C./Reese, G. (2021). Avoidance, rationalization, and denial: De-fensive self-protection in the face of climate change negatively pre- dicts pro-environmental behavior. *Journal of Environmental Psychology* 77: 101683.

Wynes, S./Nicholas, K. A. (2017). The climate mitigation gap: Education and government recommendations miss the most effective individual actions. *Environmental Research Letters* 12(7): 74024.